普通高等教育机电类系列教材

工程图学习题集

主　编　刘久艳　王彦凤
副主编　董小雷　王进军
参　编　郑怀东　郑爱云　霍　平　卢广顺　于玉真
主　审　王　新

机械工业出版社

本书与王彦凤主编、机械工业出版社出版的《工程图学》教材配套使用，也可单独用于工程图学课程的教学练习。本书以培养学生的工程素质和实践能力为目标，主要内容包括制图基本知识，投影法及几何元素的投影，基本立体，组合体，轴测图，机件常用的表达方法，标准件和常用件，零件图，装配图，焊接图、钣金制件工作图及表面展开图和计算机绘图基础。

本书可作为高等工科院校本科 48~80 学时近机械类及非机械类各专业工程图学课程的教材，也可供成人教育学院师生及工程技术人员参考。

图书在版编目（CIP）数据

工程图学习题集/刘久艳，王彦凤主编. —北京：机械工业出版社，2021.1（2025.7 重印）
普通高等教育机电类系列教材
ISBN 978-7-111-68585-2

Ⅰ.①工… Ⅱ.①刘… ②王… Ⅲ.①工程制图-高等学校-习题集 Ⅳ.①TB23-44

中国版本图书馆 CIP 数据核字（2021）第 126818 号

机械工业出版社（北京市百万庄大街 22 号 邮政编码 100037）
策划编辑：舒 恬 责任编辑：舒 恬 王勇哲 赵亚敏
责任校对：李 婷 封面设计：张 静
责任印制：常天培
中煤（北京）印务有限公司印刷
2025 年 7 月第 1 版第 5 次印刷
370mm×260mm · 9.5 印张 · 231 千字
标准书号：ISBN 978-7-111-68585-2
定价：29.00 元

电话服务 网络服务
客服电话：010-88361066 机 工 官 网：www.cmpbook.com
010-88379833 机 工 官 博：weibo.com/cmp1952
010-68326294 金 书 网：www.golden-book.com
封底无防伪标均为盗版 机工教育服务网：www.cmpedu.com

前　　言

本书是作者在多次编写同类教材和习题集的基础上，结合多年的教学经验和教改成果编写而成的。本书以培养学生的工程素质和实践能力为目标，选材精当，由浅入深，循序渐进，与王彦凤主编、机械工业出版社出版的《工程图学》配套使用。

本书在内容安排上与配套的《工程图学》教材基本一致。为了调动学生的积极性，培养学生的构形能力和创新能力，各章都精选了与各专业相关的练习内容。在部分章节的开始和习题中，安排有解题知识点、解题步骤、分析与指导、复习指导及例题等内容，对解题思路和作图技巧进行了精炼和总结，对学生关于知识的理解和应用起到画龙点睛的作用。本书的编写注重通用性和实用性，以非机械类和近机械类专业为主线，习题量大，可满足不同层次学生的教学需求。

本书由刘久艳和王彦凤统稿并担任主编，由董小雷、王进军担任副主编，具体编写人员如下：卢广顺（第 1 章）、刘久艳（第 2 章）、董小雷（第 3 章）、王进军（第 4 章）、王彦凤（第 5 章、第 6 章、第 10 章）、郑怀东（第 7 章）、霍平（第 8 章）、郑爱云（第 9 章）、于玉真（第 11 章）。本书由王新担任主审。

本书涉及的技术制图和机械制图标准均为最新国家标准。王新教授对本书的编写给予了详尽指导并提出了宝贵意见，在此表示衷心的感谢。

限于编者水平，书中的不足之处在所难免，恳请读者批评指正。

作　者

目　录

第 1 章　制图基本知识

1-1　字体　汉字、数字及常用字母练习	班级	姓名	学号	1

10号长仿宋体字

齿 轮 轴 销 支 架 箱 组 合 体 剖 视 图 面

7号长仿宋体字

比 例 材 料 审 核 院 系 班 级 机 械 制 图 计 算 机 绘

5号长仿宋体字

技 术 要 求 其 余 设 计 制 图 粗 糙 标 注 序 号 数 量 名 称 备 注 描

7号字母(斜体)

A B C D E F G H I J K L M N O P Q R S T U V W X Y Z

5号字母(斜体)

abcdefghijklmnopqrstuvwxyz　abcdefghijklmnopqrstuvwxyz　abcdefgh

7号数字(斜体)

1 2 3 4 5 6 7 8 9 0　1 2 3 4 5 6 7 8 9 0

5号数字(斜体)

1 2 3 4 5 6 7 8 9 0 Φ 1 2 3 4 5 6 7 8 9 0 Φ 1 2 3 4 5 6 7 8 9 0 Φ

3.5号数字(斜体)

1 2 3 4 5 6 7 8 9 0 Φ　1 2 3 4 5 6 7 8 9 0 Φ　1 2 3 4 5 6 7 8 9 0 Φ　1 2 3 4 5 6 7 8

1. 在给定尺寸线上，画出箭头并填写尺寸数值或角度值（按 1 : 1 的比例从图中直接量取，并取整数）。

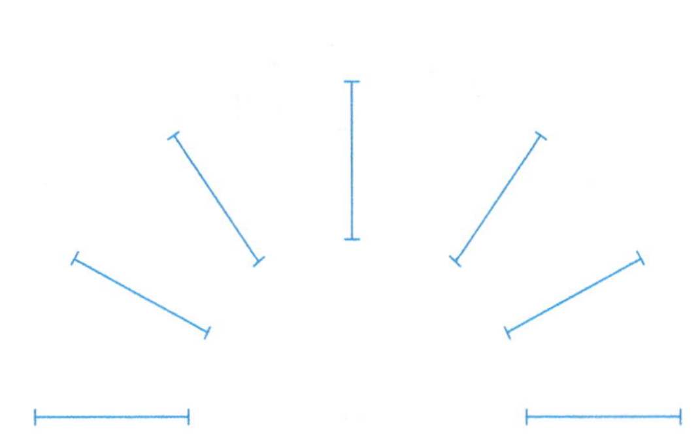

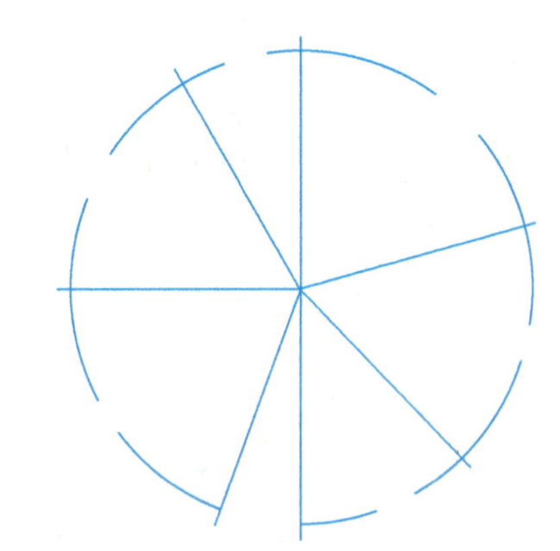

2. 左边图形尺寸标注有错误，按正确的尺寸标注方法标注右边图形。

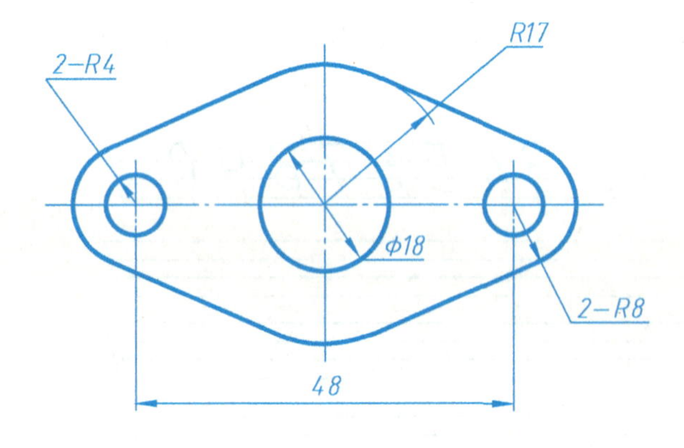

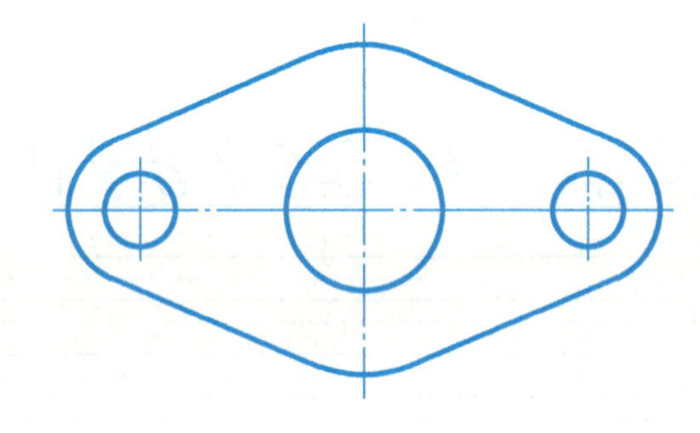

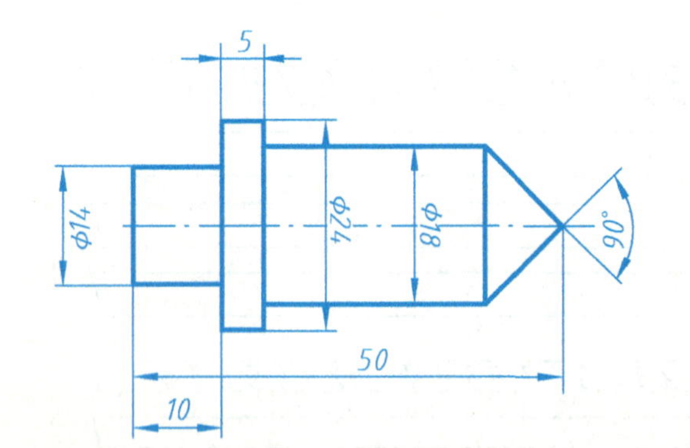

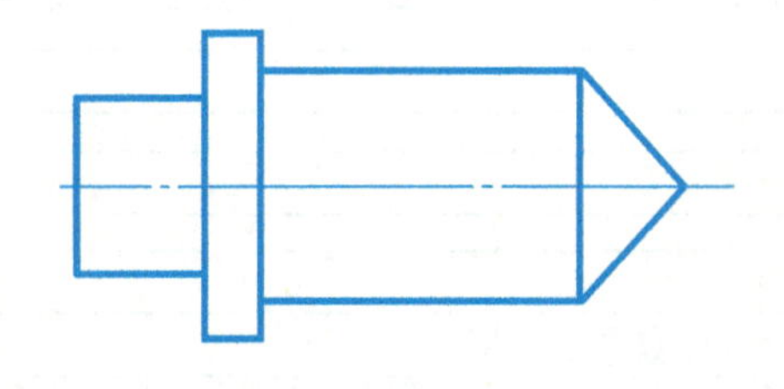

3. 标注下列平面图形的尺寸（数值按 1 : 1 的比例从图中直接量取，并取整数）。

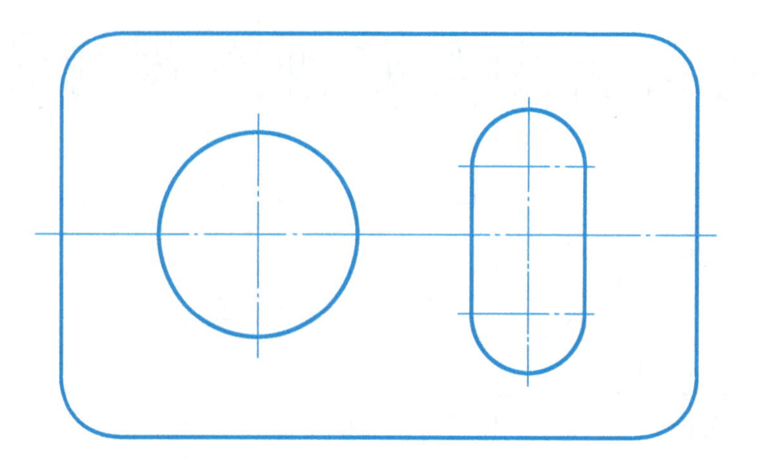

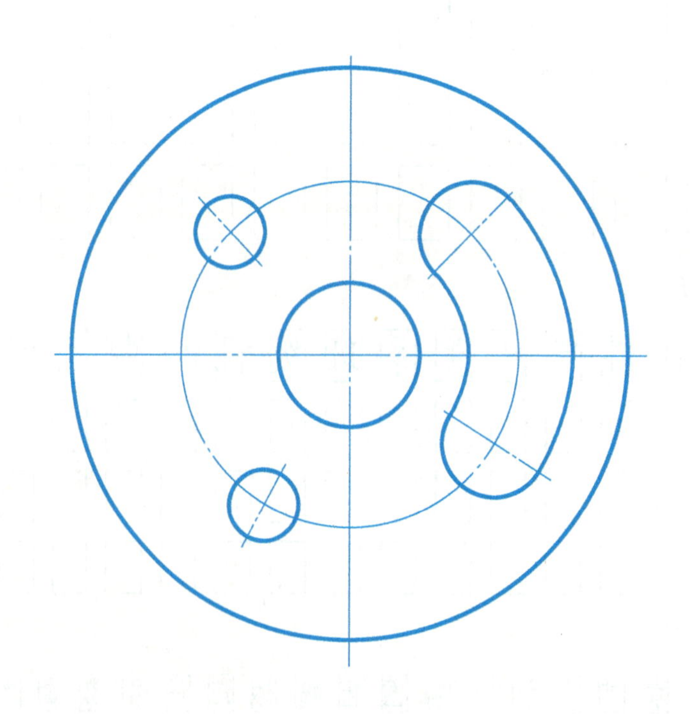

1-3 几何作图	班级	姓名	学号	3

参照所示图形，用 1 : 1 比例在指定位置画出图形（第 1 题只标注斜度、锥度，第 2 题标注全部尺寸，第 3 题不标尺寸）。

1.

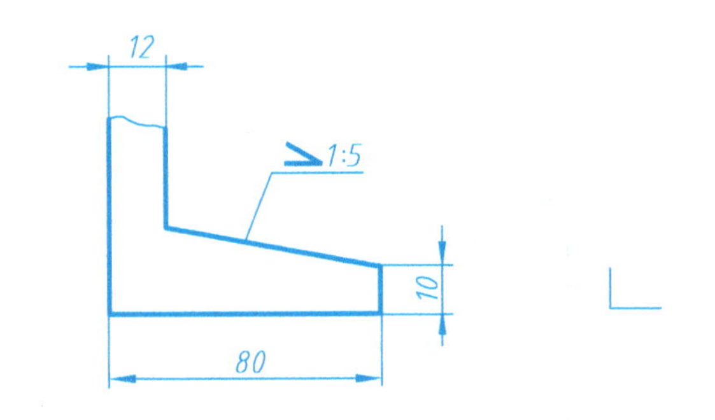

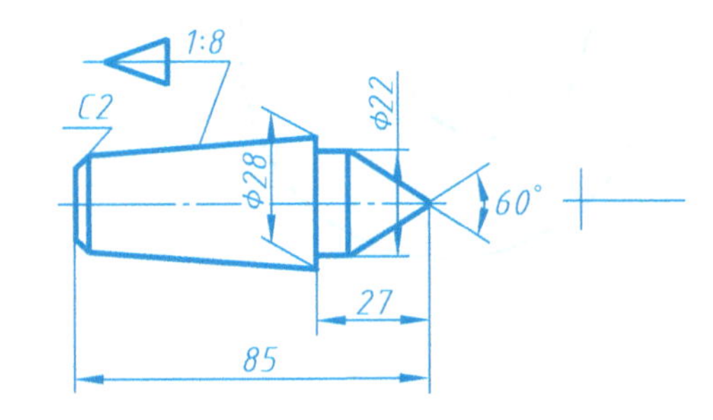

2.

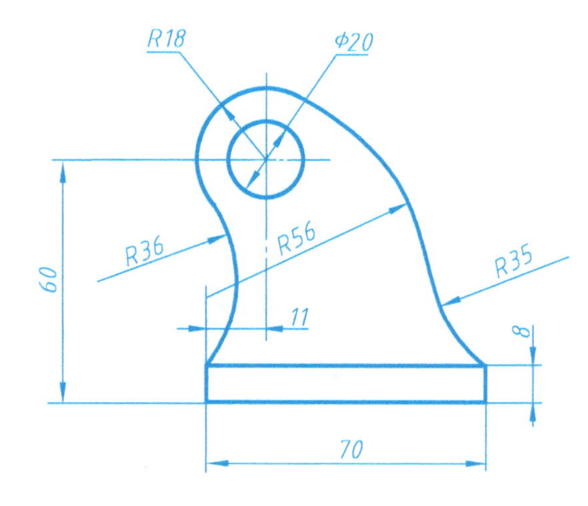

3.

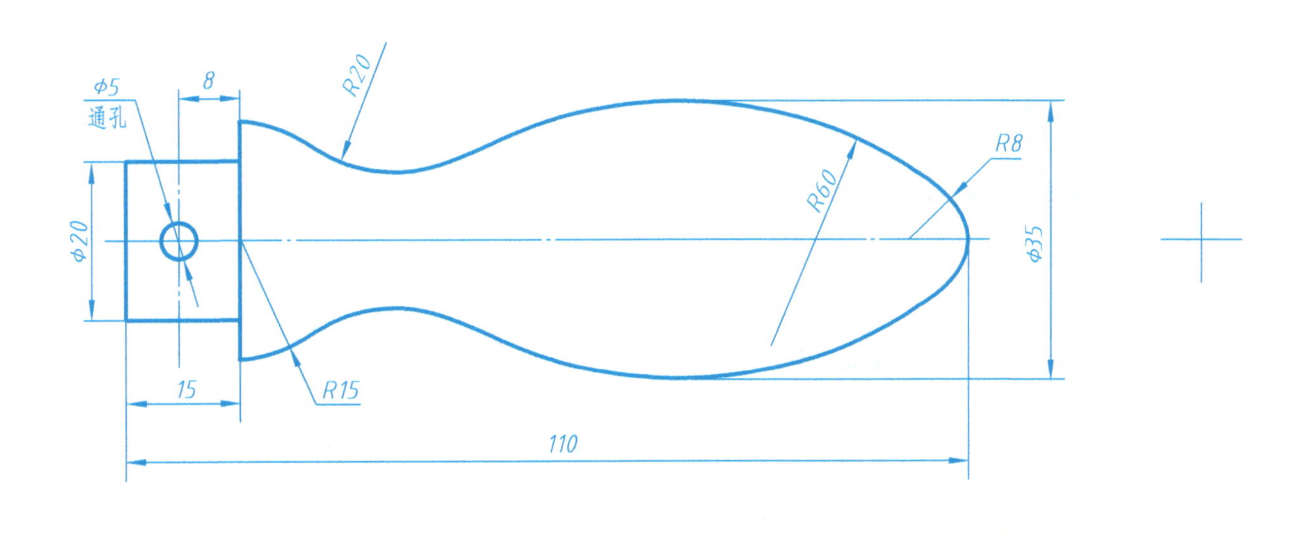

1-4 基本练习	班级	姓名	学号	4

1. 线型。

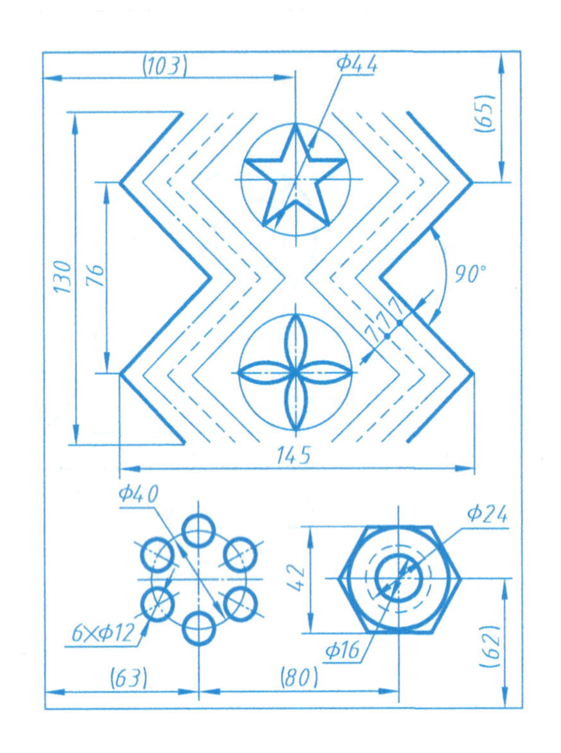

2. 零件轮廓——摇臂。

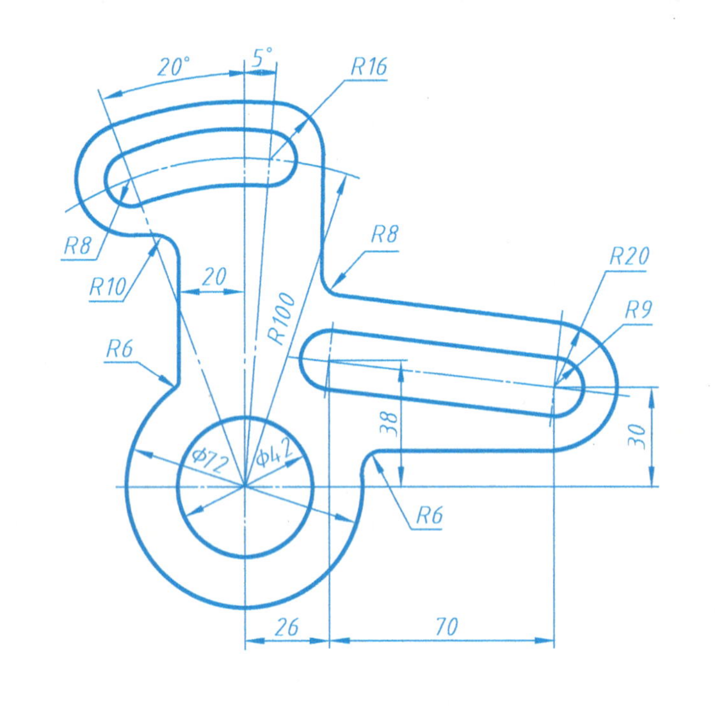

3. 零件轮廓——吊钩。

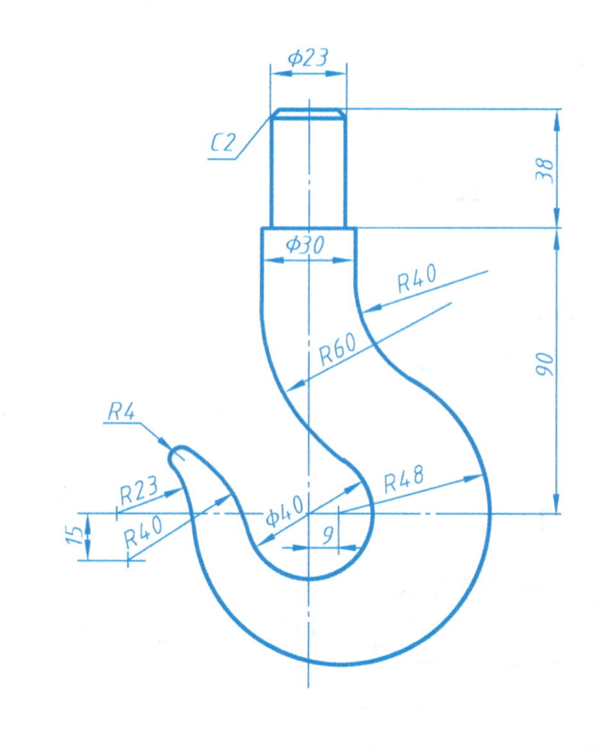

复习及作业指导

1. 目的：初步掌握国家标准《技术制图》《机械制图》有关图纸幅面及格式、比例、字体、图线与平面图形尺寸注法的规定，掌握常用几何图形的画法，掌握绘图仪器和工具的正确使用方法及绘图技能。

2. 内容：在A3图纸上抄画上面的第1、2题或第1、3题，其中第1题不标尺寸。图中带括号的尺寸为该图形到图框的定位尺寸。图名：基本练习，比例：1∶1。

3. 要求：布图适当，线型符合规定，连接光滑，作图正确，字体端正，尺寸标注清晰、完整，符合国家标准，图面整洁。

4. 作图步骤：

1）布图。确定A3图幅尺寸，画出图框线和标题栏，确定图形位置，画出定位线（注意留出标注尺寸的位置）。

2）画底稿。使用H或2H铅笔按线型轻轻画出。完成底稿后认真校对，修正错误。

3）铅笔加深图形。使用HB铅笔加深（圆规中的铅芯可软一级），分线型配备几支铅笔，注意细点画线、细虚线的画法。

4）标尺寸，填写标题栏。

5）检查全图，并做必要修饰。

5. 注意事项：

1）充分做好绘图前的准备工作，仔细分析所画图形以便确定作图步骤；准备好绘图仪器和工具。丁字尺、三角板要擦拭干净，保持图面整洁。

2）线宽。建议粗实线宽度0.7mm。

3）字体。图中汉字写成长仿宋体字，标题栏内图名用10号字，校名、班级用7号字，其他用5号字，按字体大小，先打格后写字；图中尺寸数字及字母用3.5号字，为保证字高一致，可轻画两条间距为字高的平行线段。

4）完成全图后按图幅大小裁剪整齐。

第2章　投影法及几何元素的投影

2-1　点

1. 根据立体图画出 *A*、*B* 两点的三面投影图。

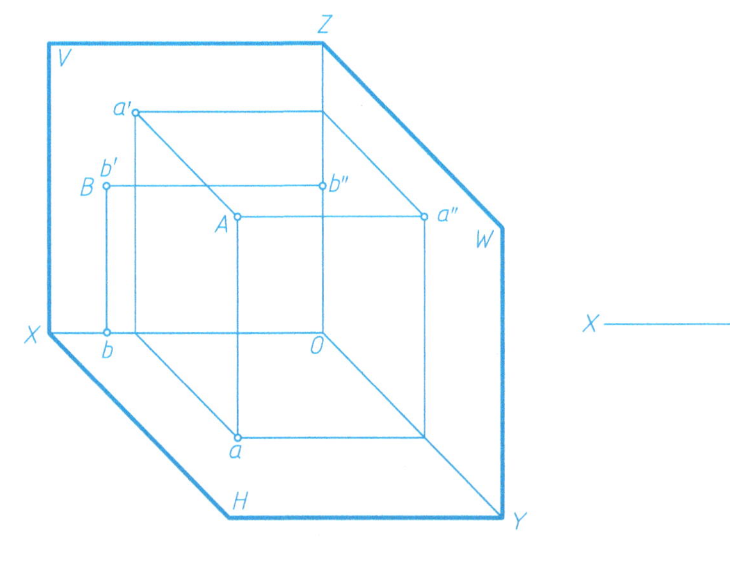

Z
X　O　Y_W
Y_H

2. 已知图中各点的两个投影，试画出各点的第三投影并填写各点的坐标值。

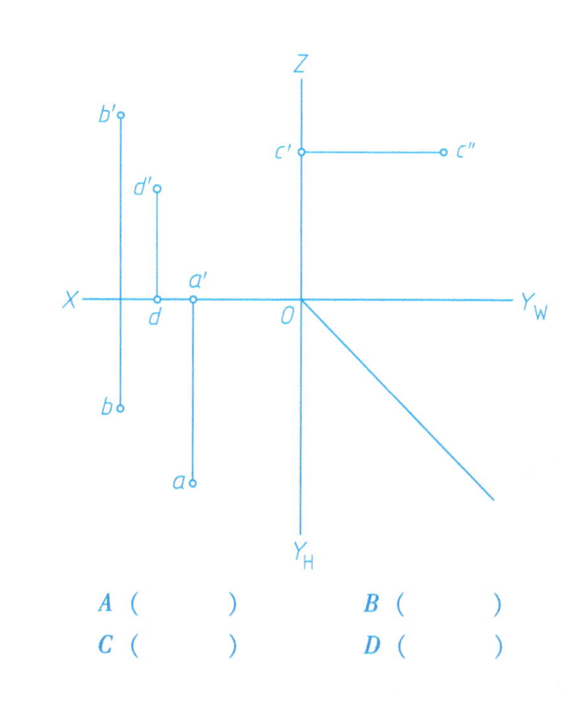

A（　　　）　　*B*（　　　）

C（　　　）　　*D*（　　　）

3. 已知点 *a'* 及点 *A* 距 *V* 面 10mm，点 *B* 在点 *A* 的正前方 15mm，求作两点的三面投影图，并将不可见的投影加括号。

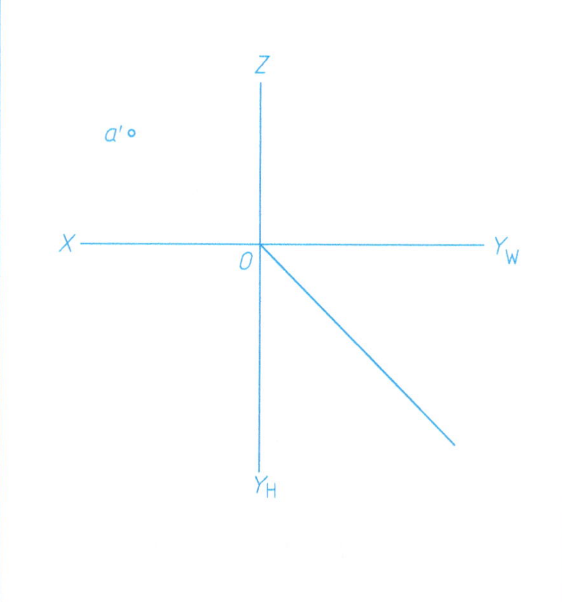

例：已知点 *A* 距 *H* 面 25mm，距 *V* 面 15mm，距 *W* 面 30mm，点 *B* 在点 *A* 的右 20mm、前 10mm、下 7mm，求作两点的三面投影图及立体图。

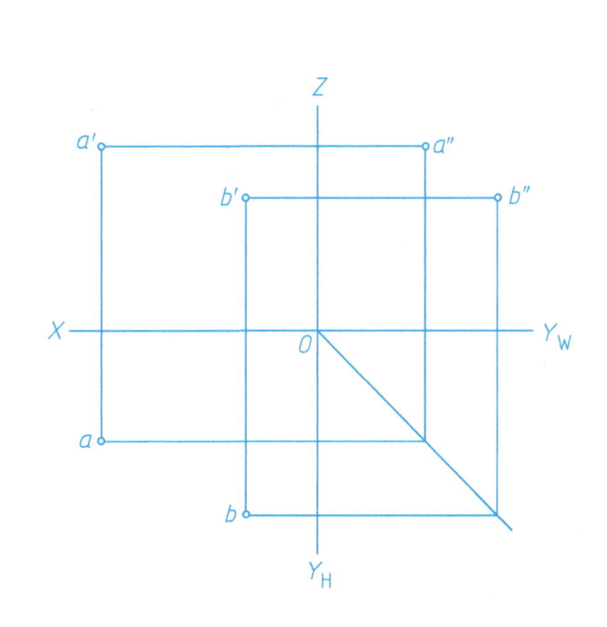

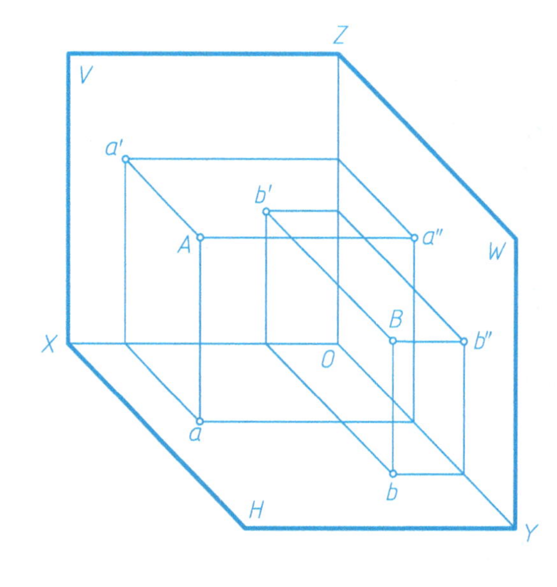

解题分析：

本题已知点的空间位置，据此得出点的坐标值，从而画出点的投影图和立体图。

解题步骤：

1. 由已知条件得出 *A*、*B* 两点的坐标值为：*A*（30，15，25），*B*（10，25，18）。

2. 根据两点的坐标值量取数值，在投影轴 *X*、*Y*、*Z* 轴上分别找到交点，并过交点按投影规律作投影轴的垂线（或平行线），进而得到点的投影及空间点的位置。

注意：

1. 点的坐标值的单位为：mm，数值从坐标轴上按 1∶1 量取。
2. 点的投影或空间点的位置画小空心圆或黑点。
3. 空间点用大写字母书写，5 号字；点的投影用小写字母，3.5 号或 2.5 号字。
4. 投影线用细实线。
5. 作图线保留，去掉多余的线头。

1. 判别下列直线对投影面的相对位置，并画出第三面投影图。

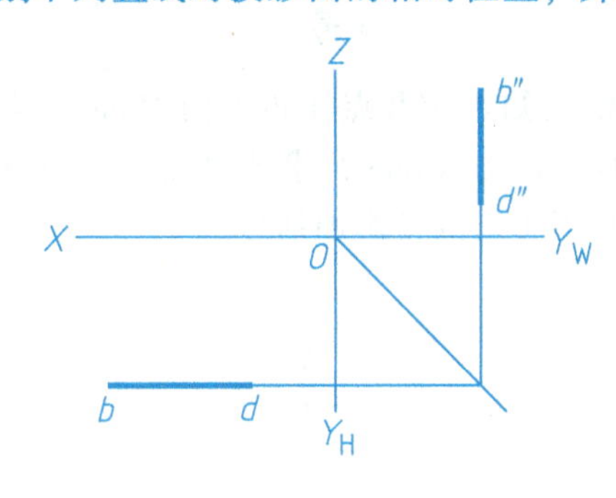

BD 是________线

CD 是________线

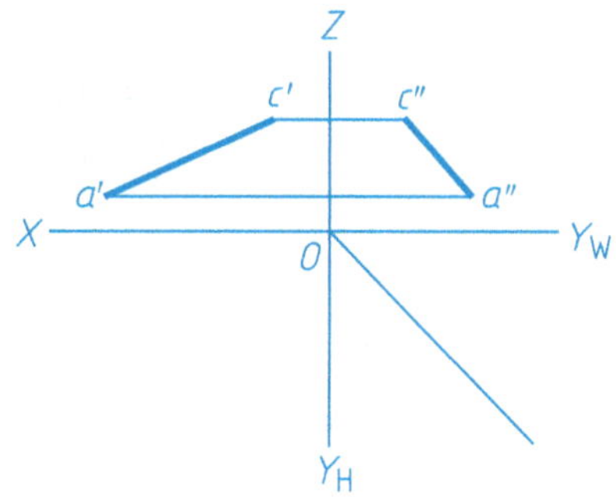

AC 是________线

EF 是________线

AE 是________线

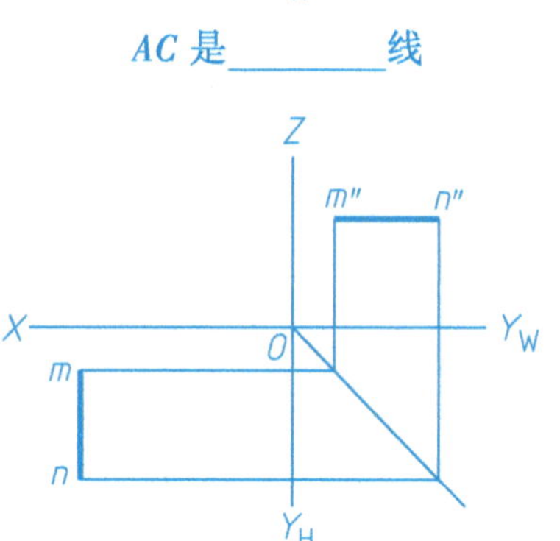

MN 是________线

2. 已知点 D 的两个投影，作侧平线 CD，其实长为 20mm，$\alpha=60°$，点 C 比点 D 靠后。

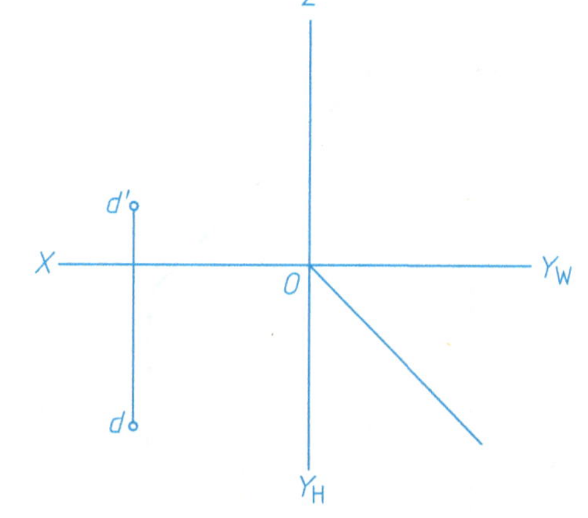

例：画水平线 AB，距 H 面 20mm，与 V 面成 30°夹角，实长为 25mm，并已知投影 a。

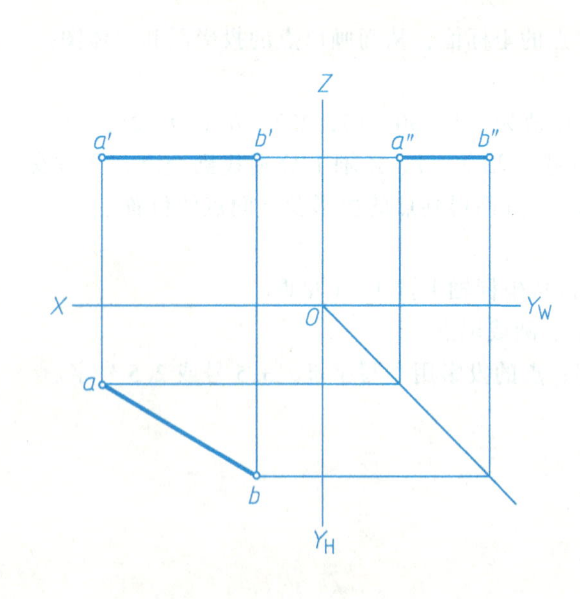

解题分析：

本题已知 AB 为水平线，根据投影规律，其 H 面投影为一条斜线，反映实长，斜线与 OX 轴的夹角，反映与 V 面的夹角；V 面和 W 面投影为平行于投影轴的直线，直线到投影轴的距离，反映直线到投影面的距离。可根据已知条件求出直线的三面投影。

解题步骤：

1. 过 H 面上的点 a 作与 OX 轴的夹角为 30°粗斜线，斜线的实长为 25mm，得点 b。

2. 过 H 面上的点 a 和点 b 向 V 面作与 OX 轴垂直的细实线，在 V 面上作与 OX 轴平行且距离为 20mm 的粗实线，该粗实线与细实线的交点即为 V 面的投影 a'、b'。

3. 根据投影规律，在 W 面上求出 a''、b''，用粗实线连接两点。即为直线 AB 在 W 面的投影。

3. 画侧垂线 EF，实长为 25mm，距 V 面 15mm，距 H 面 20mm，点 E 在点 F 左侧，且距 W 面 30mm。

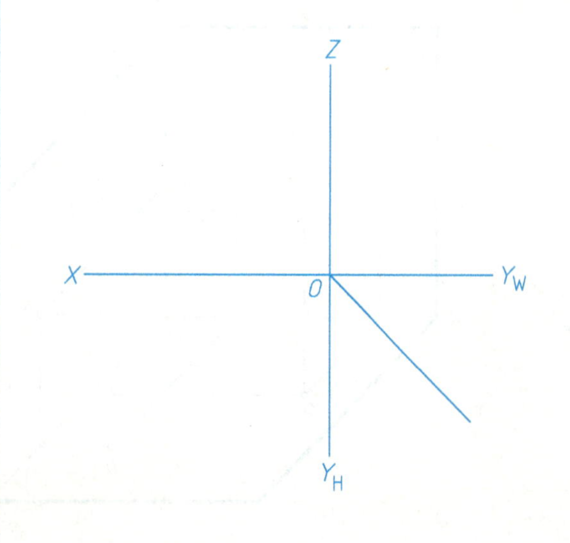

4. 已知正平线 AB 在 V 面前方 20mm，求作它在其余两面的投影，并在该线段上取一点 K，使 $AK=20$mm。

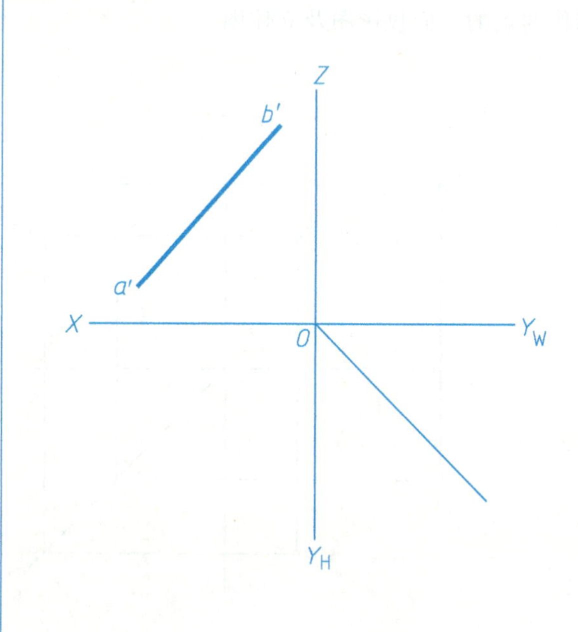

5. 已知线段 AB 的实长为 35mm，求 $a'b'$。

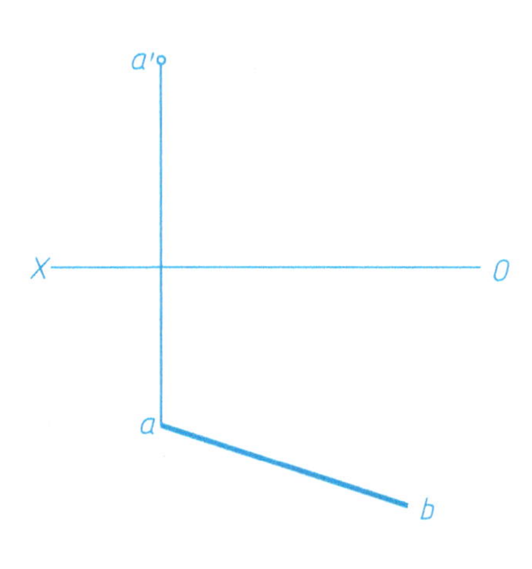

6. 已知线段 AB 对 V 面的倾角 $\beta=30°$，试完成其水平投影。

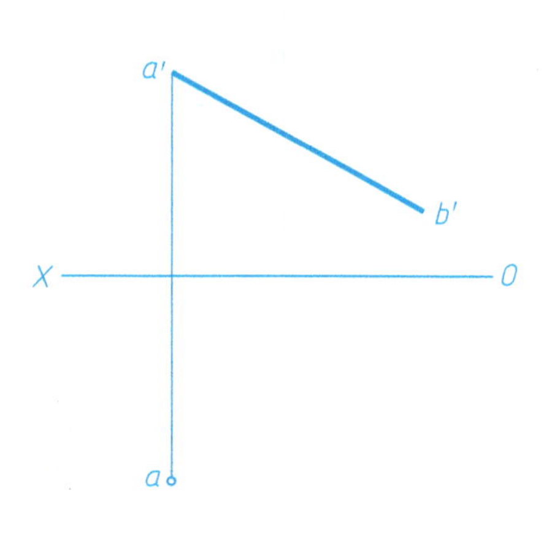

7. 已知线段 AB 的实长为 25mm，求 ab、$a''b''$，并在线段上取一点 C，使 $AC=20$mm。

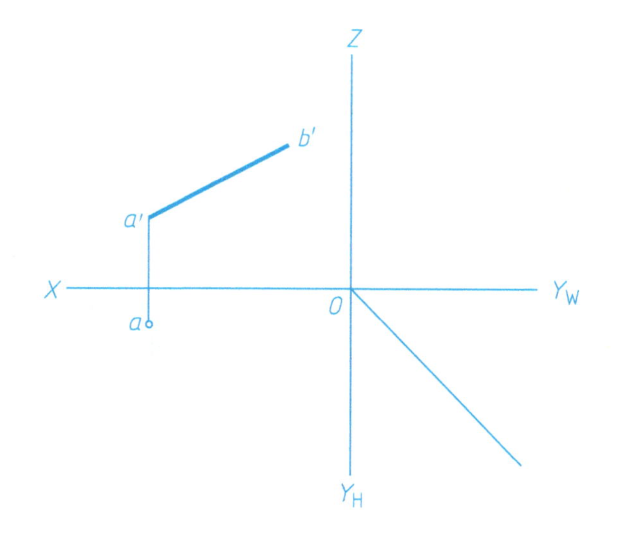

8. 在线段 AB 上取一点 C，使 $AC=25$mm。

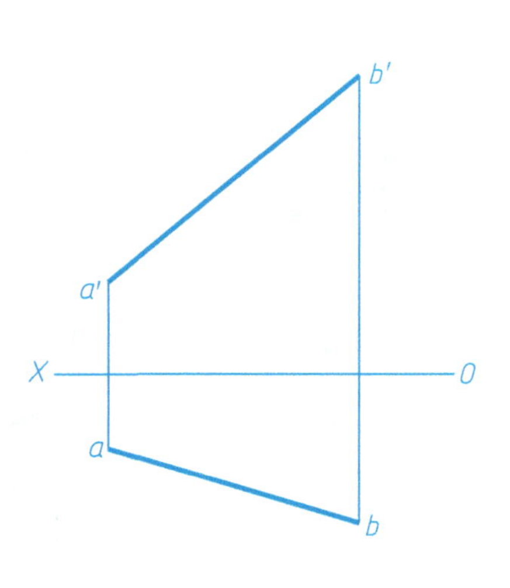

9. 已知线段 AB 及点 C 的正面投影和侧面投影，完成 AB 线段及点 C 的水平投影，并判断点 C 是否属于直线 AB。

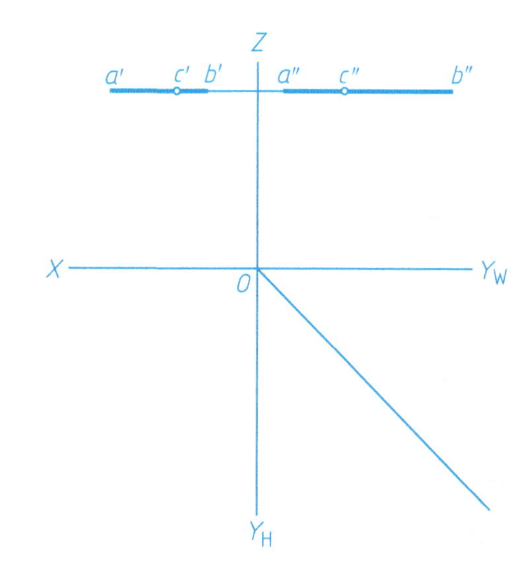

点 C 是否属于直线 AB ____。

10. 已知侧平线 CD 的正面投影和水平投影及线上点 S 的正面投影，用两种方法求点 S 的水平投影。

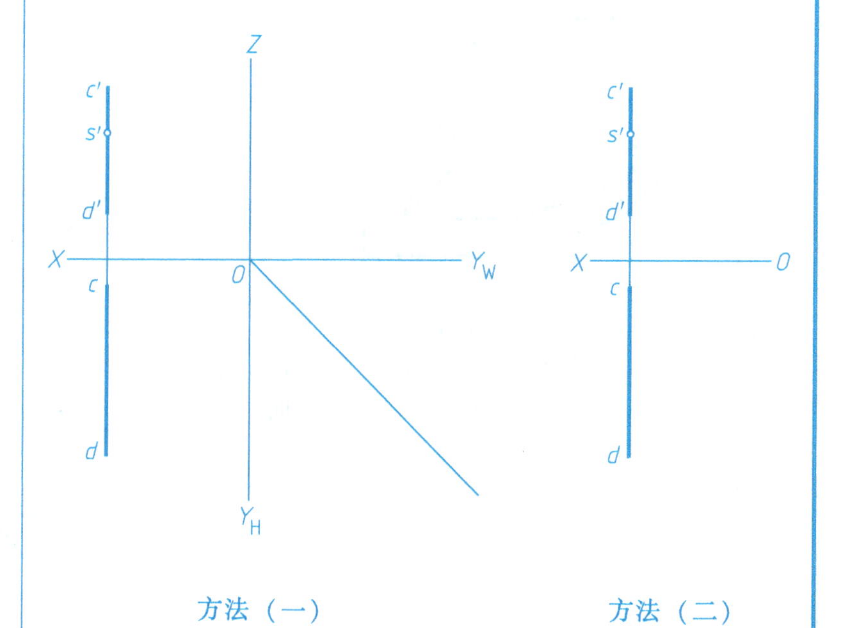

方法（一）　　方法（二）

1. 完成下列各平面图形的两面投影。

（1）圆心为 A，半径为 10mm 的水平圆

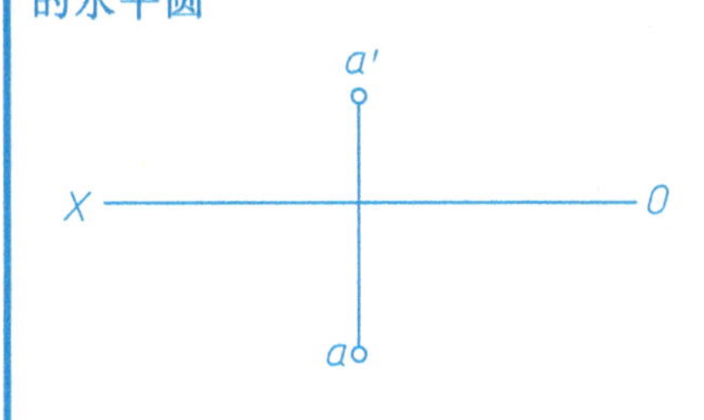

（2）等边三角形 ABC 为正平面

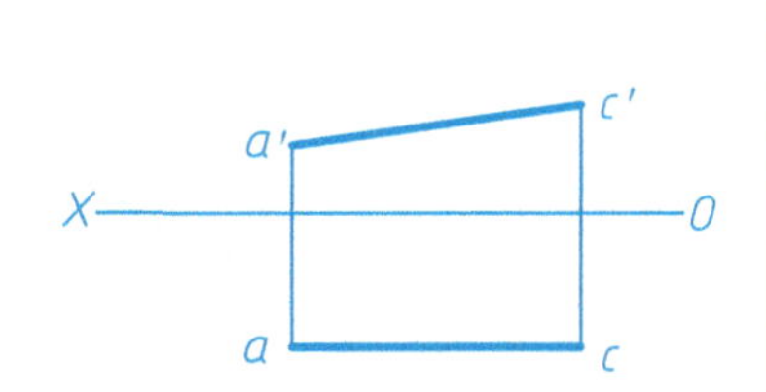

（3）正方形 $ABCD$ 为铅垂面

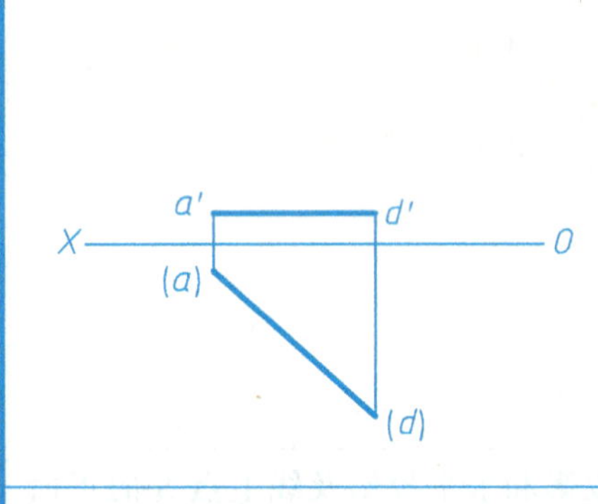

（4）圆周 $ABCD$ 为正垂面，AC、BD 为垂直相交的直径

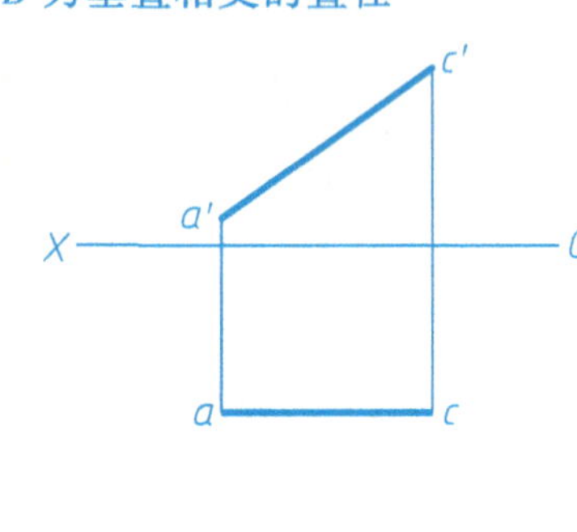

2. 求平面多边形的两面投影。

例：已知 V 面和 W 面投影，求 H 面投影

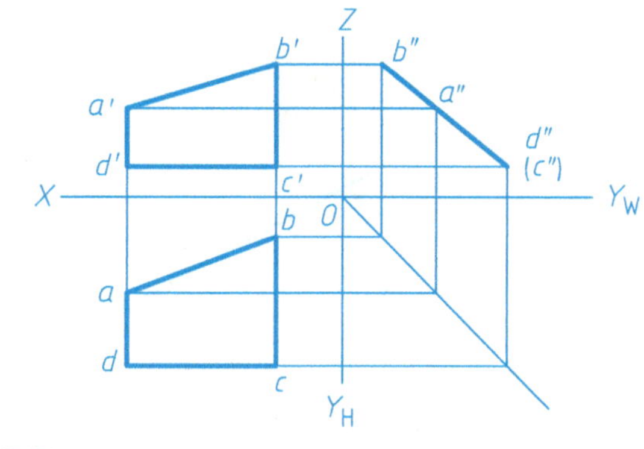

解题分析：

本题已知平面的 V 面投影为四边形，W 面投影为一条斜线，则此平面必为侧垂面。根据投影规律，其 H 面投影必为四边形的类似形，可根据已知点的两面投影求第三面投影得出。

解题步骤：

1. 在 V 面投影的四边形上依次标出 a'、b'、c'、d'，在 W 面的斜线上对应标出 a''、b''、c''、d''。

2. 根据投影规律，在 H 面上求出 a、b、c、d，依次用粗实线连接 a、b、c、d，所得的四边形即为所求。

（1）已知 V 面和 H 面投影，求 W 面投影

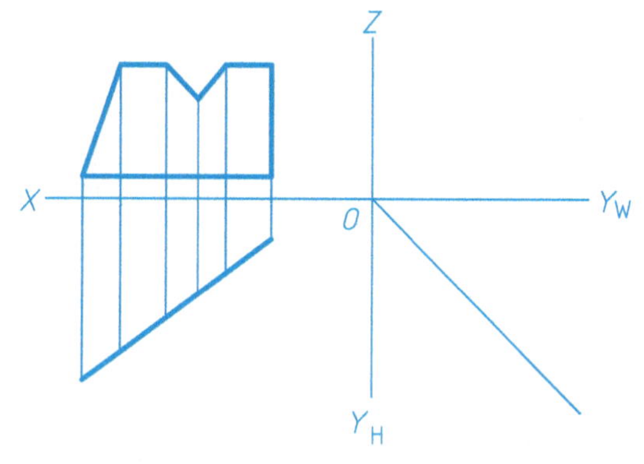

（2）已知 V 面和 W 面投影，求 H 面投影

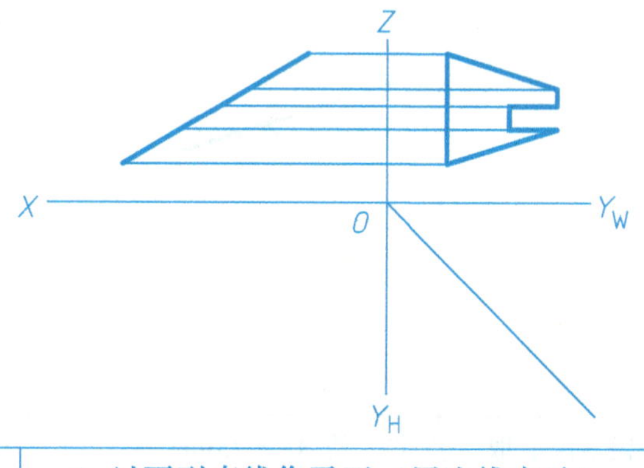

3. 判断平面 A、B、C、D、E、F 为何种平面。

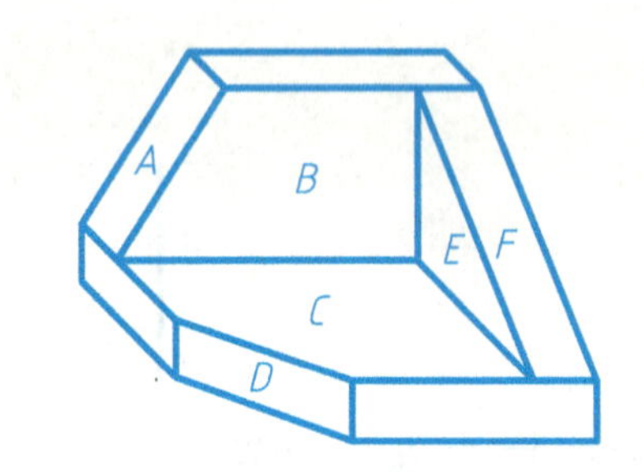

平面 A 为______平面；平面 B 为______平面；

平面 C 为______平面；平面 D 为______平面；

平面 E 为______平面；平面 F 为______平面。

4. 判断点 A 是否在给定平面内。

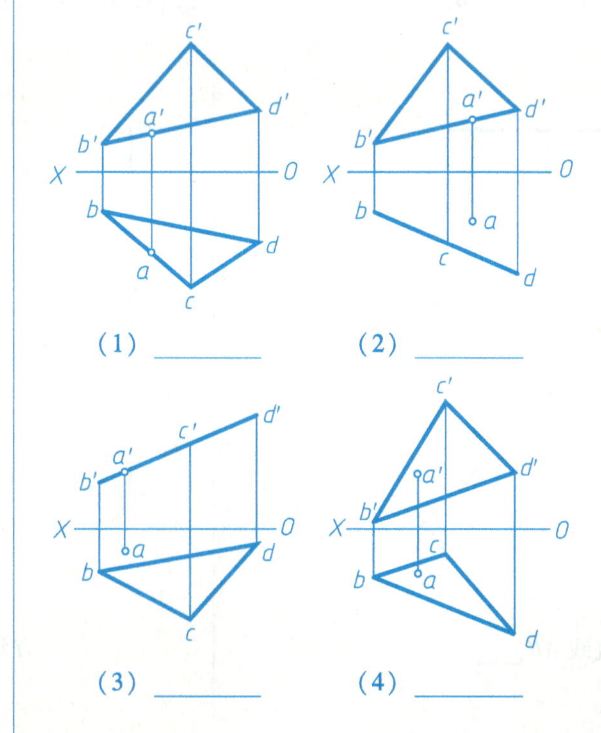

（1）______　（2）______

（3）______　（4）______

5. 完成平面五边形的水平投影。

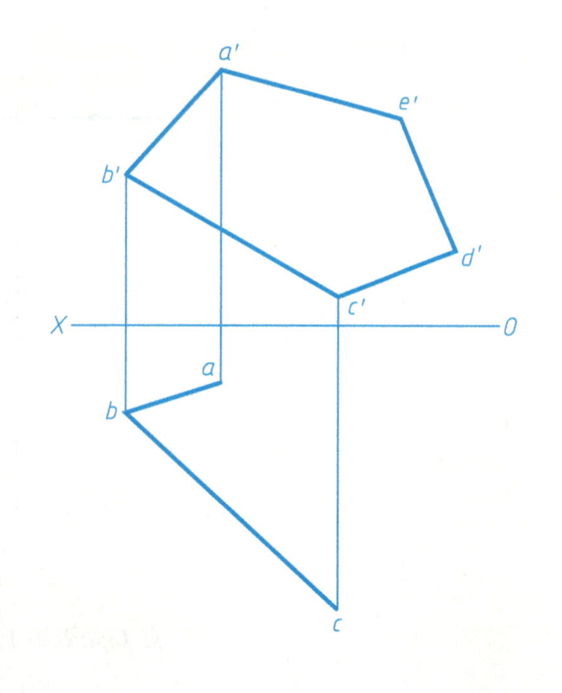

6. 过下列直线作平面（用迹线表示）。

（1）作正垂面

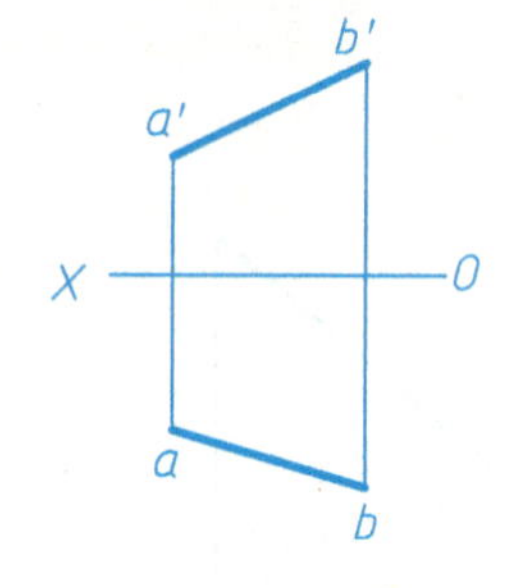

（2）作水平面

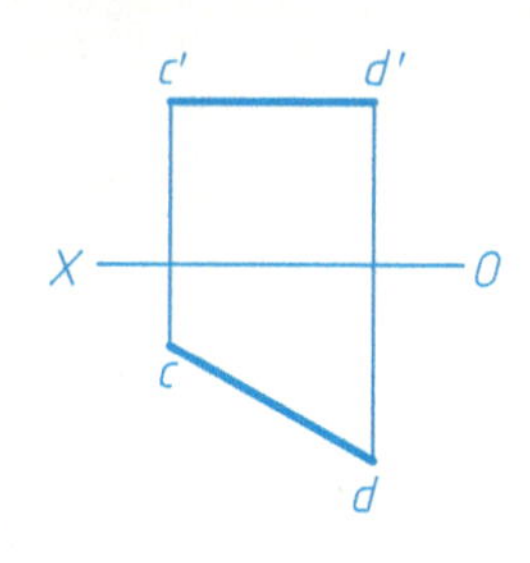

（3）作正平面

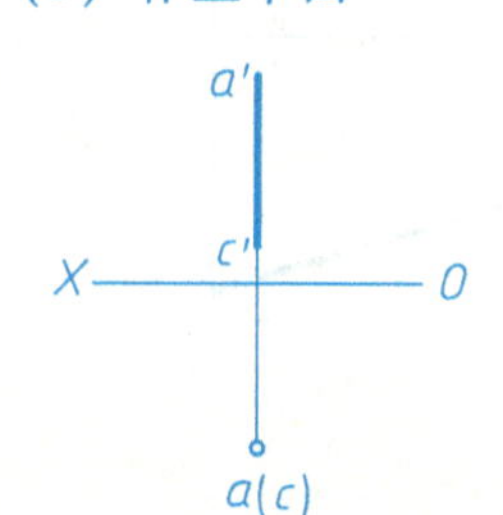

（4）作铅垂面

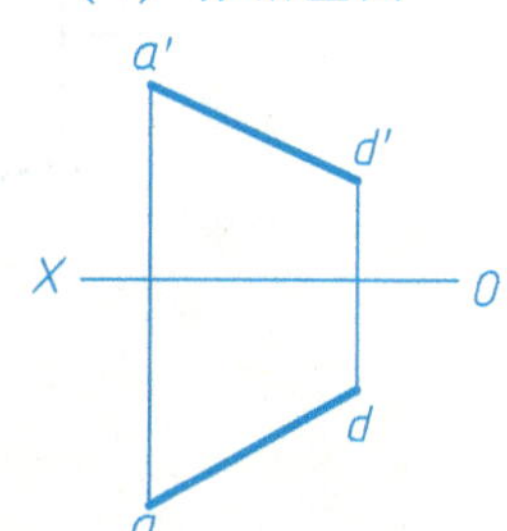

第 3 章　基本立体

复习及作业指导	班级	姓名	学号	9

第 3 章是非常重要的基础篇章，本章要求重点掌握三项内容：

1.1　基本立体三视图的画法

1. 平面立体三视图的画法

因为平面立体的各个表面都是平面多边形，所以用投影图表示平面立体，就是画出围成立体的各个表面的投影，即画出所有轮廓线的投影，将可见轮廓线画成粗实线，不可见轮廓线画成虚线。

2. 曲面立体三视图的画法

常见的曲面立体有圆柱、圆锥、球、圆环等回转体。

用投影图表示曲面立体时，就是要把围成立体的曲面和平面表达出来。

1.2　截交线的求解方法

截交线是截平面截切立体表面产生的交线。线是点的集合，因此求立体表面截交线的过程，就是先取点后连线的过程。

1. 先根据截平面与立体的相对位置关系，判断截断面的形状，若不同，求解方法不同。

2. 若截断面的形状为平面多边形，其求解方法是：将平面多边形的各个顶点的投影分别求出，然后依次直线连接这些顶点即可完成作图，连线时注意判断可见性。典型习题见 3-1 第 4 题或第 5 题。

3. 截断面的形状若由曲线构成时，分以下两种情况进行求解：

1）截断面的形状若由圆组成，一定要找对半径，在反映为圆的视图中，找准圆心，用圆规准确地将该圆画出。典型习题见 3-3（二）第 2 题或第 3 题、第 6 题。

2）截断面的形状若由其他曲线，比如椭圆、双曲线、抛物线等构成时，必须应用“取点光滑连线”的作图形式来完成。

① 取全特殊点。特殊点包括回转体上特殊素线上的点及曲线自身上的特殊点（如椭圆上长短轴上的点）。

② 取一般点。在间隔比较大的特殊点之间，取适当数量的一般点。

③ 判断可见性并连线。将上面取出的所有点进行光滑连线，连线时注意是否存在截交线的虚实问题，若存在虚线，必须准确地找准虚实的分界点。

④ 整理轮廓线，完成全图。典型习题见 3-3（一）第 1 题、第 3 题、第 7 题。

1.3　相贯线的求解方法

相贯线是两个立体表面相交后，在立体表面产生的交线。两个曲面立体表面产生的相贯线，一般情况均为闭合的空间曲线，特殊情况下会是平面曲线或者直线。但无论是哪种类型的相贯线，线都是点的集合，因此求立体表面相贯线的过程，就是先取点后连线的过程。

1. 求相贯线方法之一：利用积聚性求相贯线

（1）适用条件　相贯体中至少有一物体是圆柱，并且该圆柱轴线垂直于某一投影面。

（2）求解方法　取特殊点—取一般点—连线（注意判断可见性）—整理轮廓线—完成全图。典型习题见 3-4（一）的题目。

2. 求相贯线方法之二：利用辅助平面求相贯线

（1）适用条件　通用方法，任何情况均可使用，通常应用于无法利用积聚性求相贯线的情况下。

（2）求解方法　取特殊点—取一般点—连线（注意判断可见性）—整理轮廓线—完成全图。

（3）取点方法　选取一组适当的辅助平面—与甲、乙两个相贯体相交—分别求出甲、乙两个立体表面的交线—求出这两段交线的交点—即相贯线上的点。

（4）在适当的条件下作适当的辅助平面　与甲、乙相交所得到的交线最简单易画——直线或圆。典型习题见 3-4（二）第 1 题、第 2 题。

3. 特别提醒

（1）注意正交两圆柱相贯线的趋势　典型习题见 3-4（二）第 6 题。

（2）熟练掌握相贯线的特殊形式　典型习题见 3-4（二）第 3 题、第 4 题。

1. 补画立体的左视图，并求其表面上点 A、B、C 的其余两面投影。

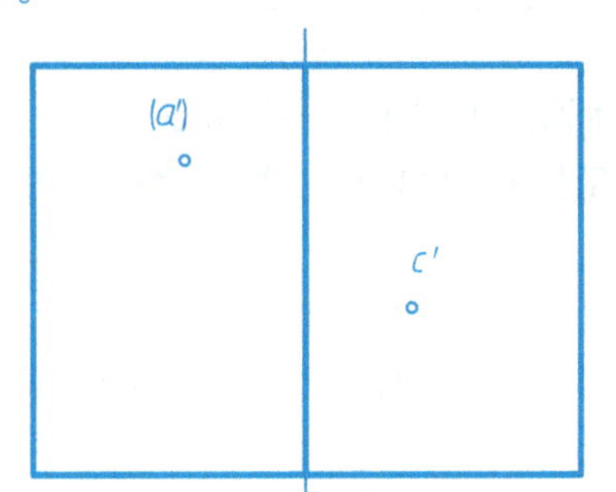

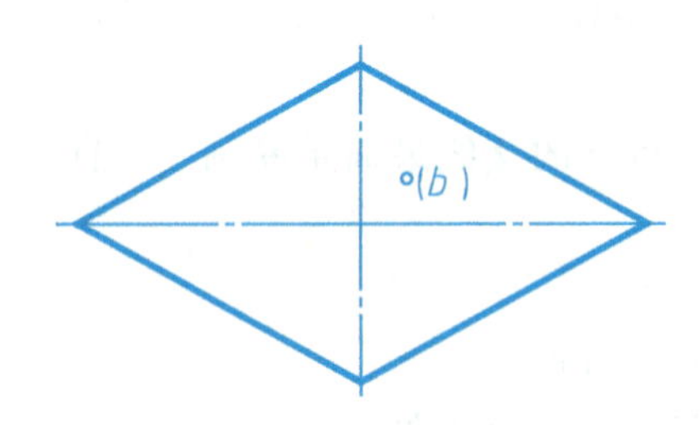

2. 补画正六棱柱的左视图，并求其表面上点 A、B、C 的其余两面投影。

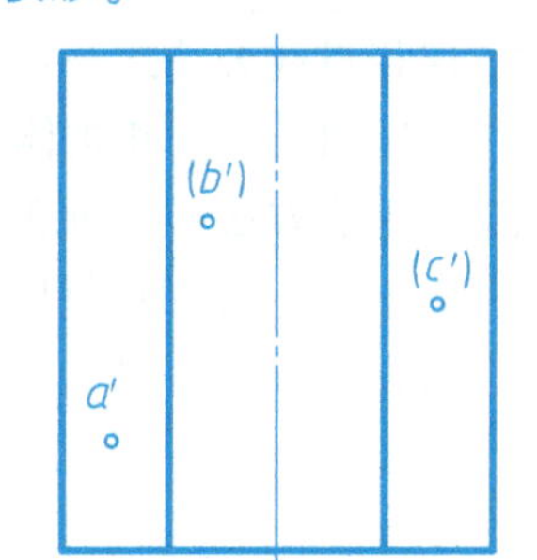

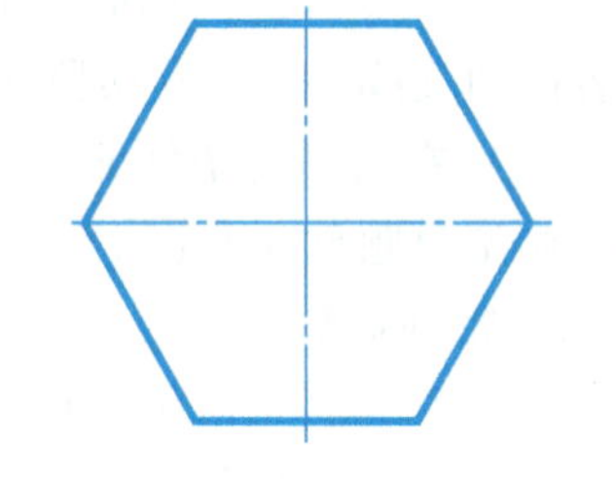

分析与指导：

1）画左视图时注意宽相等

2）以点 C 为例说明找点方法：从已知点 C 的正面投影可以看出，因其带括号，故点 C 在六棱柱的右后方，“长对正”水平投影直接落在六棱柱积聚性的投影上。左视图直接利用“高平齐，宽相等”即可完成，因其在右侧，c″应加括号。

3. 补画棱锥的左视图，并求其表面上点 A、B 的其余两面投影。

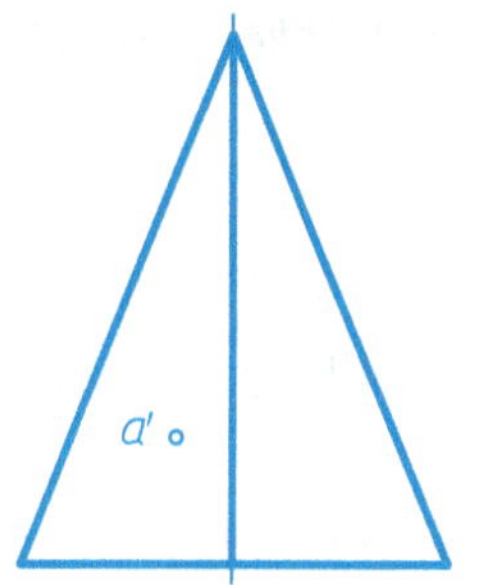

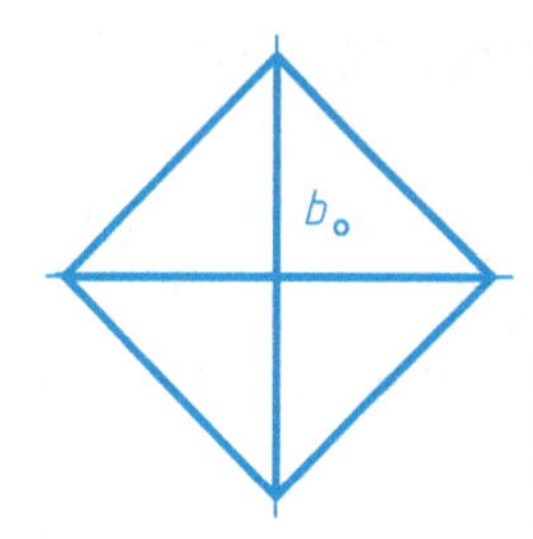

分析与指导：

以点 A 为例说明找点方法。从已知点 A 的正面投影可以看出，点 A 在四棱锥的左前棱面上，因该面为一般位置平面，故欲完成其余两面投影，必先通过投影 a′做辅助直线。因四棱锥为平面立体，其各个表面都为平面，在平面上做辅助直线有无数条。图中取连接锥顶与 a′并延长至底边的直线段做辅助线。锥顶的正面投影已知，底边上的点的水平投影直接利用“长对正”即可获得，a″直接利用“高平齐，宽相等”即可完成。

4. 已知题 1 四棱柱被截切后的主视图，补全俯、左视图。

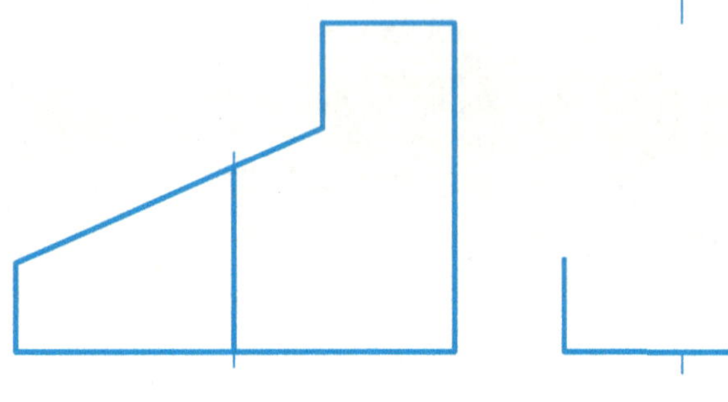

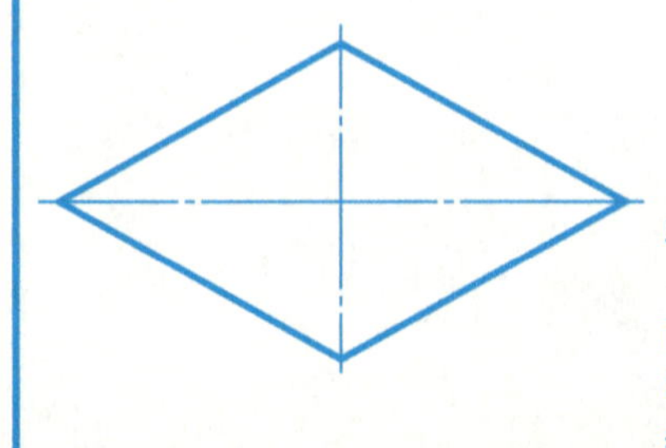

分析与指导：

1）该四棱柱被两个截平面截切，因此要完成两个截断面的投影。

2）自上到下，第一个截平面是侧平面，其截断面是矩形，完成左视图上的实形和俯视图的积聚性投影；第二个截平面是正垂面，其截断面是五边形，俯、左视图均为类似形。

3）整理左视图的轮廓线，注意左视图中右棱投影的虚线。

5. 补全切口六棱柱的俯视图，并求画左视图。

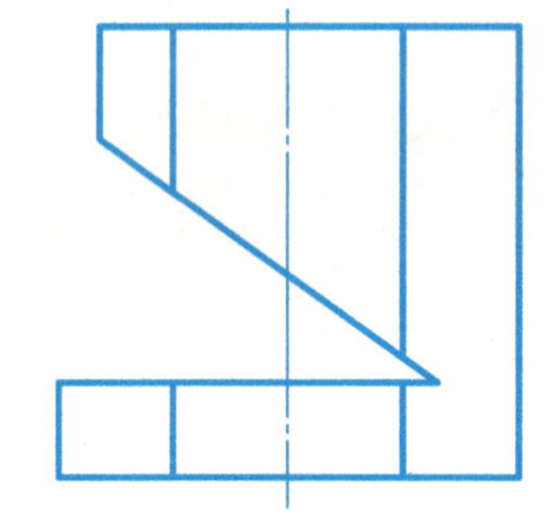

分析与指导：

1）先用细实线完成六棱柱完整的左视图。

2）该六棱柱被三个截平面所截切，准确地完成每一次截切的截断面。

3）自上到下，第一个截平面是侧平面，其截断面是矩形，完成左视图的实形和俯视图的积聚性投影；第二个截平面是正垂面，其截断面是八边形，分别完成左视图和俯视图上的类似形；第三个截平面是水平面，其截断面是七边形，完成左视图的积聚性投影，确定俯视图的实形。

4）最后整理轮廓线，注意左视图中右棱投影的虚线。

6. 补全正三棱锥被一水平面和一正垂面截切后的俯视图，并求画左视图。

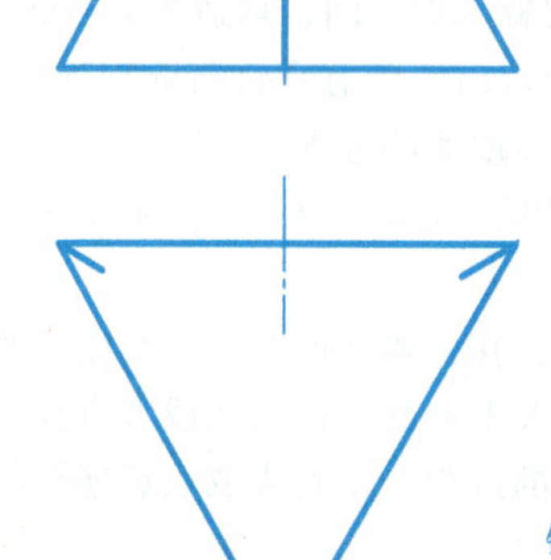

分析与指导：

1）分别用正垂面和水平面对三棱锥进行截切。正垂面分别与三棱锥的右前棱面和后棱面及水平截平面相交，故其截形为三角形，水平投影和侧面投影分别为该三角形的类似形；水平面除了与三棱锥三个侧棱面相交外，还与正垂截平面相交，故其截形为四边形，因是水平面，故水平投影为实形，侧面投影积聚成水平方向的线段。

2）最后要整理轮廓线。

3-2 曲面立体

1. 求画圆柱的俯视图，并完成其表面上点 A、B、C 的其余两面投影。

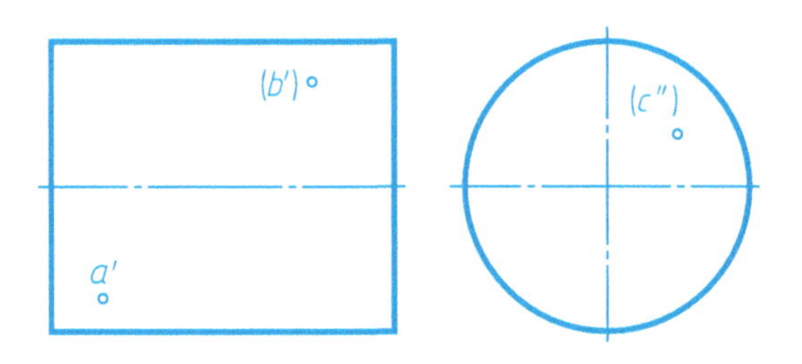

2. 求画圆锥的俯视图，并完成其表面上特殊点 A、B、C、D 的其余两面投影。

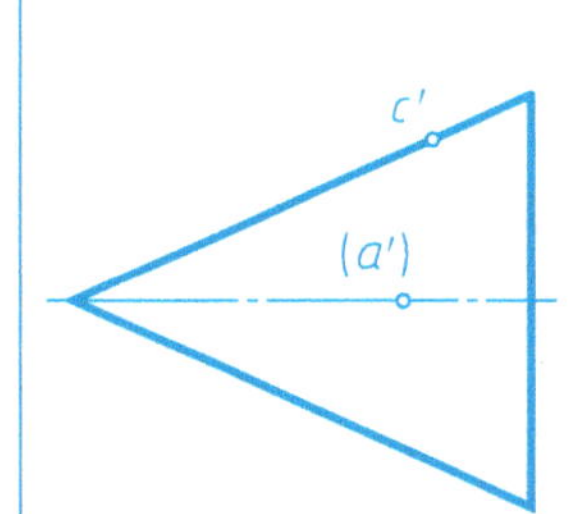

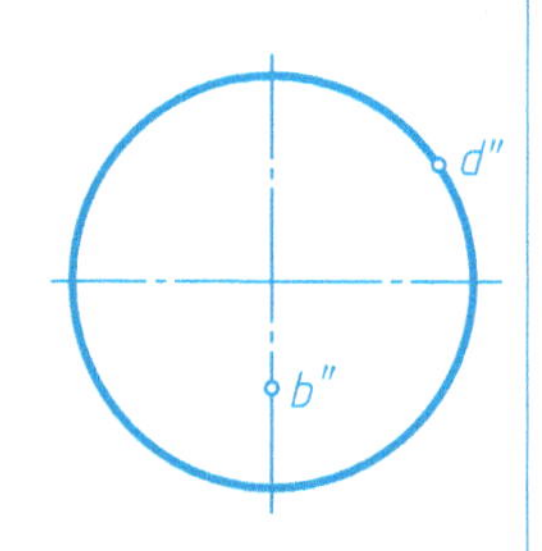

分析与指导：

注意 A、B、C 三点均为特殊素线上的点，准确完成其余两面投影。

3. 求画圆锥的左视图，并用素线法完成圆锥表面上点 A、B 的其余两面投影。

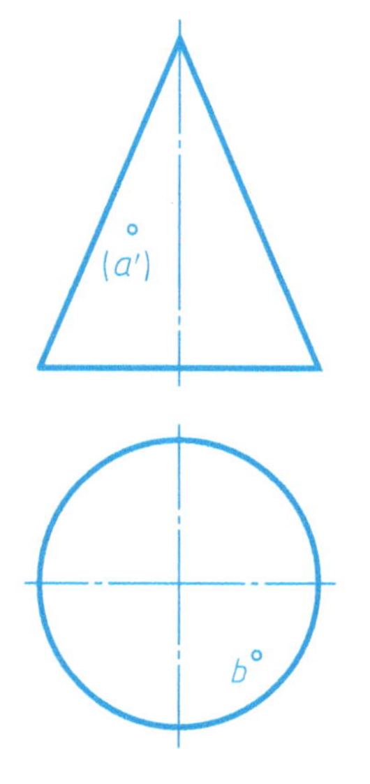

4. 求画圆台的左视图，并用纬圆法完成圆台表面上点 A、B、C 的其余两面投影。

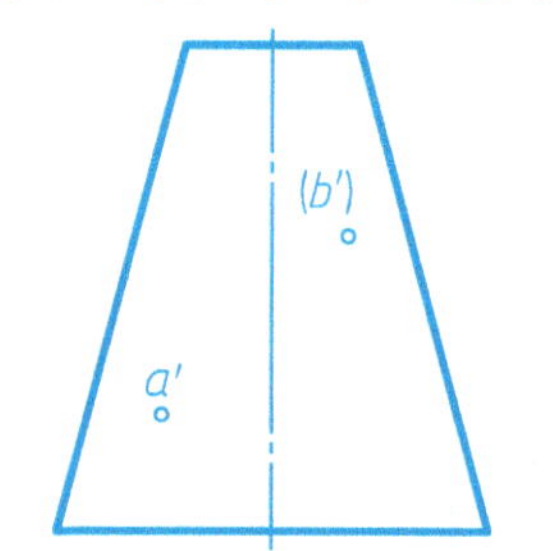

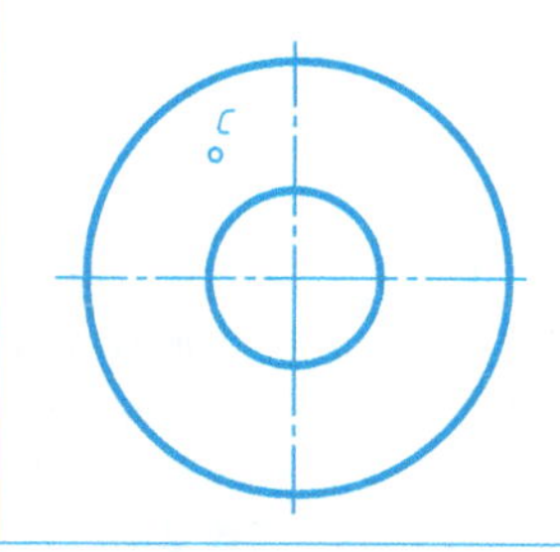

5. 求画圆球的俯视图，并完成其表面上特殊点 A、B、C 的其余两面投影。

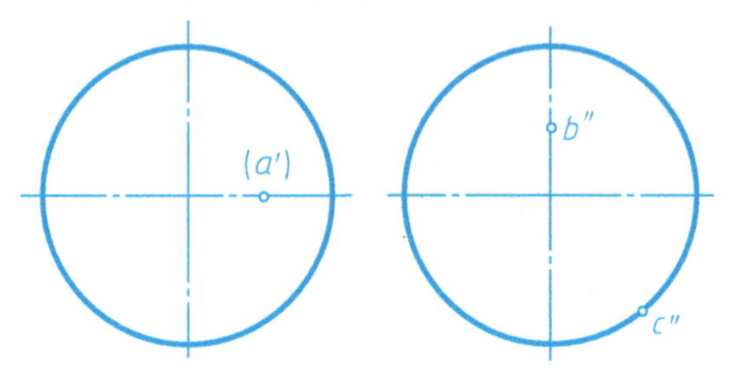

6. 求画圆球的左视图，并完成点 A、B、C 的其余两面投影。

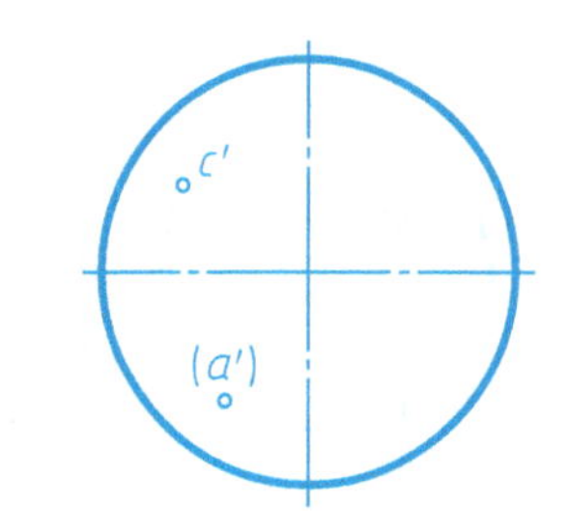

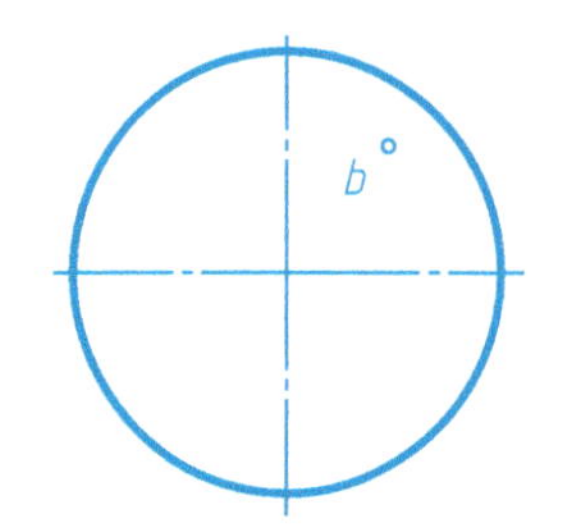

分析与指导：

1）先完成球的左视图。

2）A、B、C 三点均为球面上的一般点，都需要作辅助线求解。

3）可以由与投影面平行的纬圆作辅助线，过每个点均有三个纬圆（水平纬圆、正平纬圆、侧平纬圆）可用，利用其中一个求解即可。

7. 补画立体主视图中缺少的图线，求画其俯视图，并完成立体表面上点 A、B 的其余两面投影。

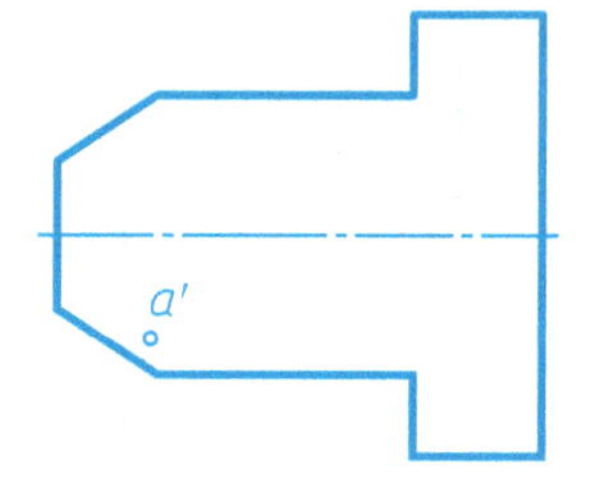

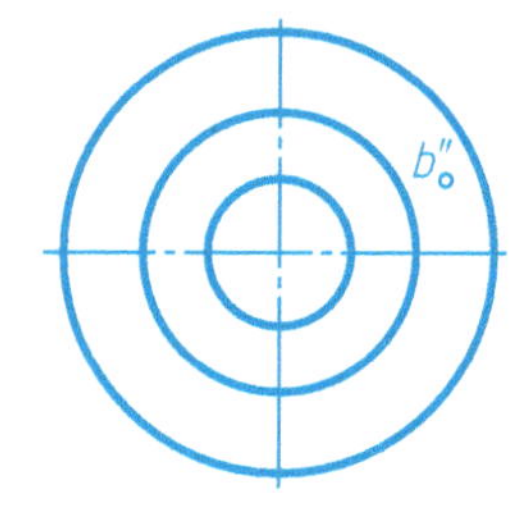

分析与指导：

1）补全主视图所缺图线，即圆台与小圆柱的交线，及大圆柱与小圆柱相交处的左端面环状平面的积聚性投影。

2）完成各表面的俯视图。

3）根据点 a' 可知点 A 在圆台与小圆柱的交线圆上；根据点 b'' 可知点 B 在大圆柱左端面的环状平面上。利用“三等关系”完成其余两面投影。

8. 求画立体的左视图，并完成立体表面上点 A、B 的其余两面投影。

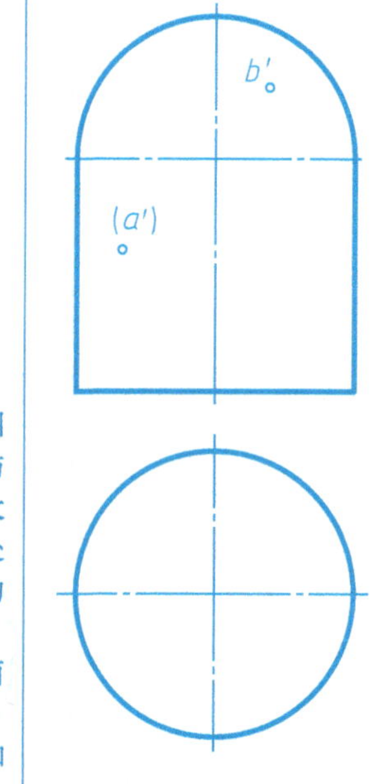

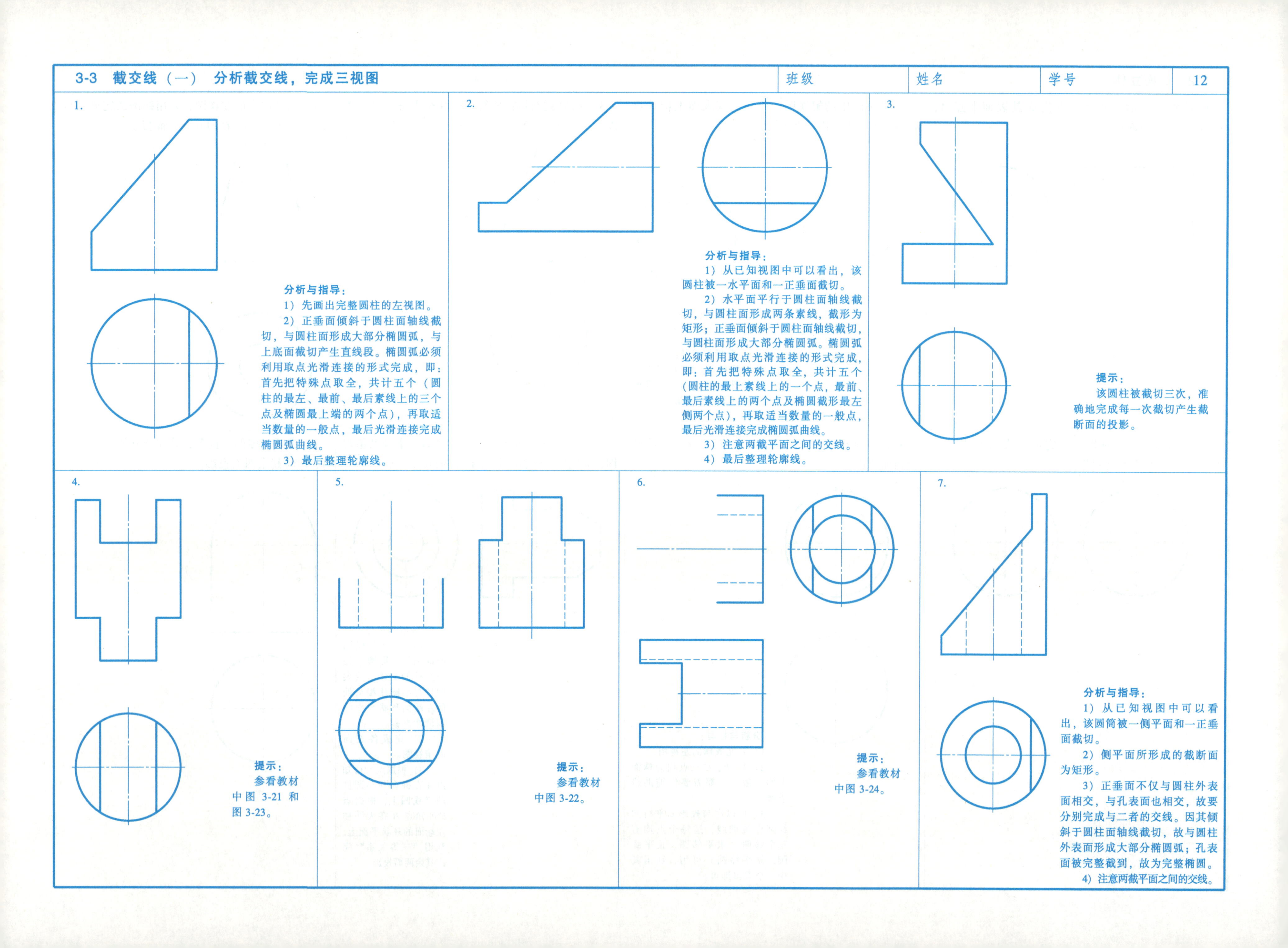
1.
分析与指导：
1）先画出完整圆柱的左视图。
2）正垂面倾斜于圆柱面轴线截切，与圆柱面形成大部分椭圆弧，与上底面截切产生直线段。椭圆弧必须利用取点光滑连接的形式完成，即：首先把特殊点取全，共计五个（圆柱的最左、最前、最后素线上的三个点及椭圆最上端的两个点），再取适当数量的一般点，最后光滑连接完成椭圆弧曲线。
3）最后整理轮廓线。
2.
分析与指导：
1）从已知视图中可以看出，该圆柱被一水平面和一正垂面截切。
2）水平面平行于圆柱面轴线截切，与圆柱面形成两条素线，截形为矩形；正垂面倾斜于圆柱面轴线截切，与圆柱面形成大部分椭圆弧。椭圆弧必须利用取点光滑连接的形式完成，即：首先把特殊点取全，共计五个（圆柱的最上素线上的一个点，最前、最后素线上的两个点及椭圆截形最左侧两个点），再取适当数量的一般点，最后光滑连接完成椭圆弧曲线。
3）注意两截平面之间的交线。
4）最后整理轮廓线。
3.
提示：
该圆柱被截切三次，准确地完成每一次截切产生截断面的投影。
4.
提示：
参看教材中图3-21和图3-23。
5.
提示：
参看教材中图3-22。
6.
提示：
参看教材中图3-24。
7.
分析与指导：
1）从已知视图中可以看出，该圆筒被一侧平面和一正垂面截切。
2）侧平面所形成的截断面为矩形。
3）正垂面不仅与圆柱外表面相交，与孔表面也相交，故要分别完成与二者的交线。因其倾斜于圆柱面轴线截切，故与圆柱外表面形成大部分椭圆弧；孔表面被完整截到，故为完整椭圆。
4）注意两截平面之间的交线。

3-3 截交线（二） 分析截交线，完成三视图

班级	姓名	学号	13

1.

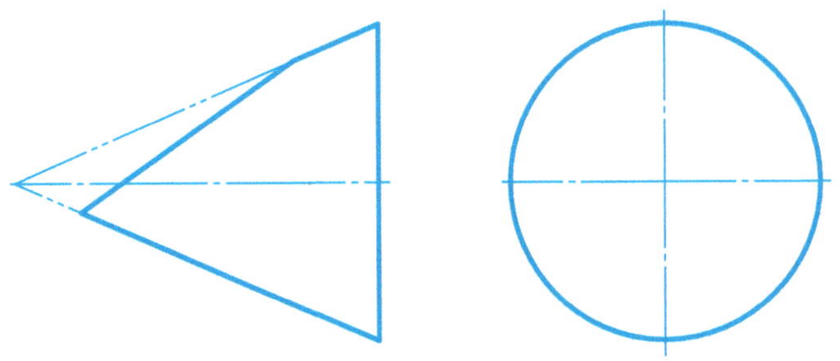

提示：

该正垂面与圆锥产生的交线为椭圆，除了准确求出圆锥面上的特殊点之外，准确确定该椭圆的长、短轴点的投影同样重要。

2.

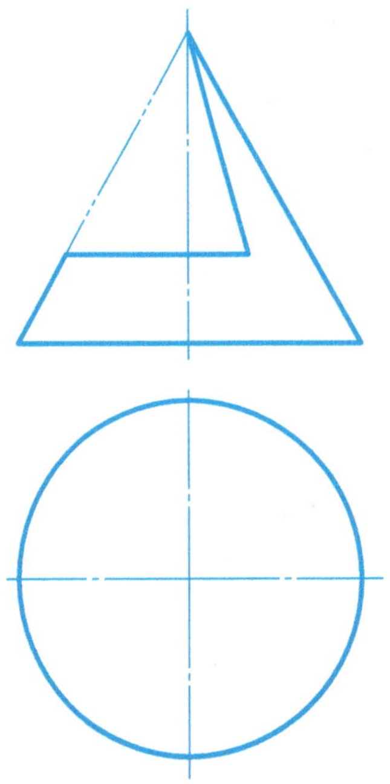

提示：

圆锥自上到下被两个截平面截切，分别完成两种交线的作图，并注意两截平面之间的交线。

3.

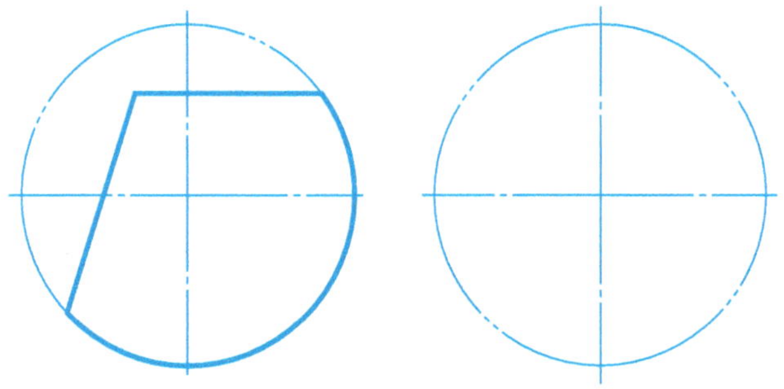

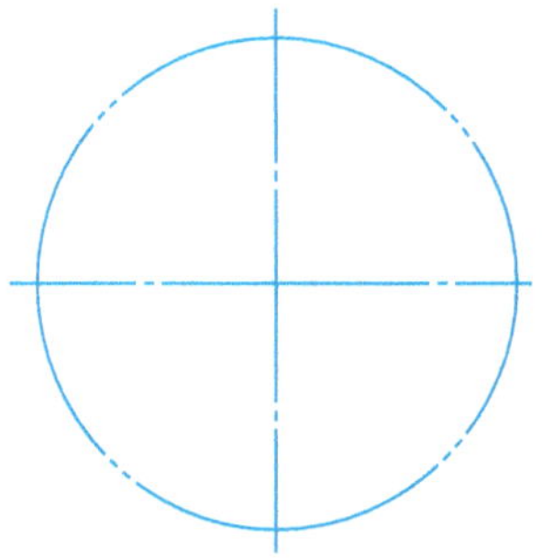

分析与指导：

1）该球体自上而下被一水平面和一正垂面截切。

2）正确完成俯、左两视图中由水平面截切所产生的部分水平纬圆的实形和积聚线段。

3）须分别在左、俯两视图中求出由正垂面截切所产生的大半个圆的类似形：椭圆弧。

4）注意俯、左视图中，上下两半球和左右两半球分界圆轮廓线的整理。

4.

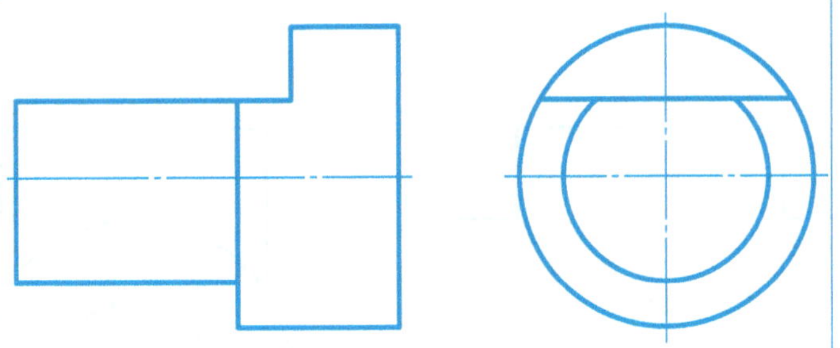

分析与指导：

1）先画出大、小圆柱组合体完整的俯视图。

2）从已知视图中可以看出，该组合体被一水平面和一侧平面截切。

3）分析截交线并分别求出两个截形的水平投影。

4）最后整理轮廓线。注意大小圆柱之间的环状平面在水平截平面正下方的部分，因其不可见，故画虚线。

5.

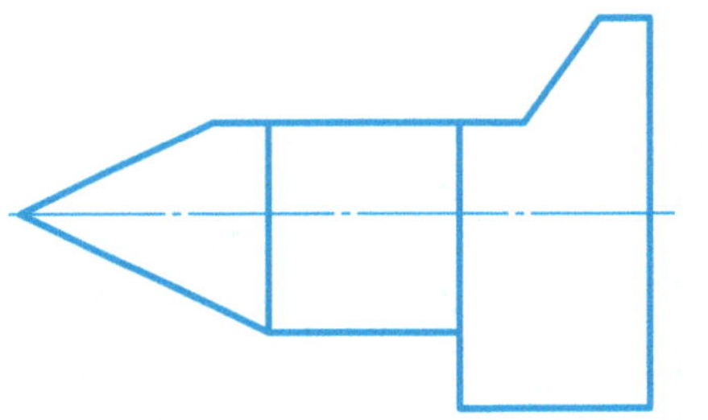

分析与指导：

1）由圆锥和大小圆柱构成的组合体被一水平面和一正垂面截切。

2）需要求出五组截交线，它们是水平面分别与圆锥、小圆柱、大圆柱台阶产生的四组交线，再求出正垂面与大圆柱产生的一组交线。

3）注意这两个截平面之间产生的交线。

4）整理轮廓线时注意两立体之间的交线。

6.

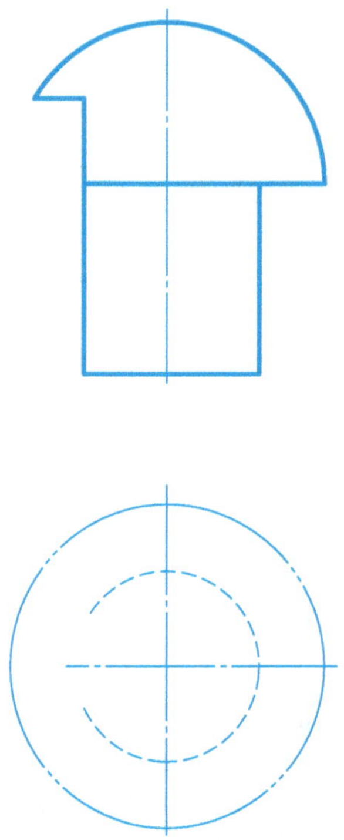

提示：

圆柱与半球的组合体被水平面和侧平面截切，注意这两个截平面截切半球时产生的交线，均为相应的纬圆。而侧平面同时截到了圆柱，注意画出相应的交线。

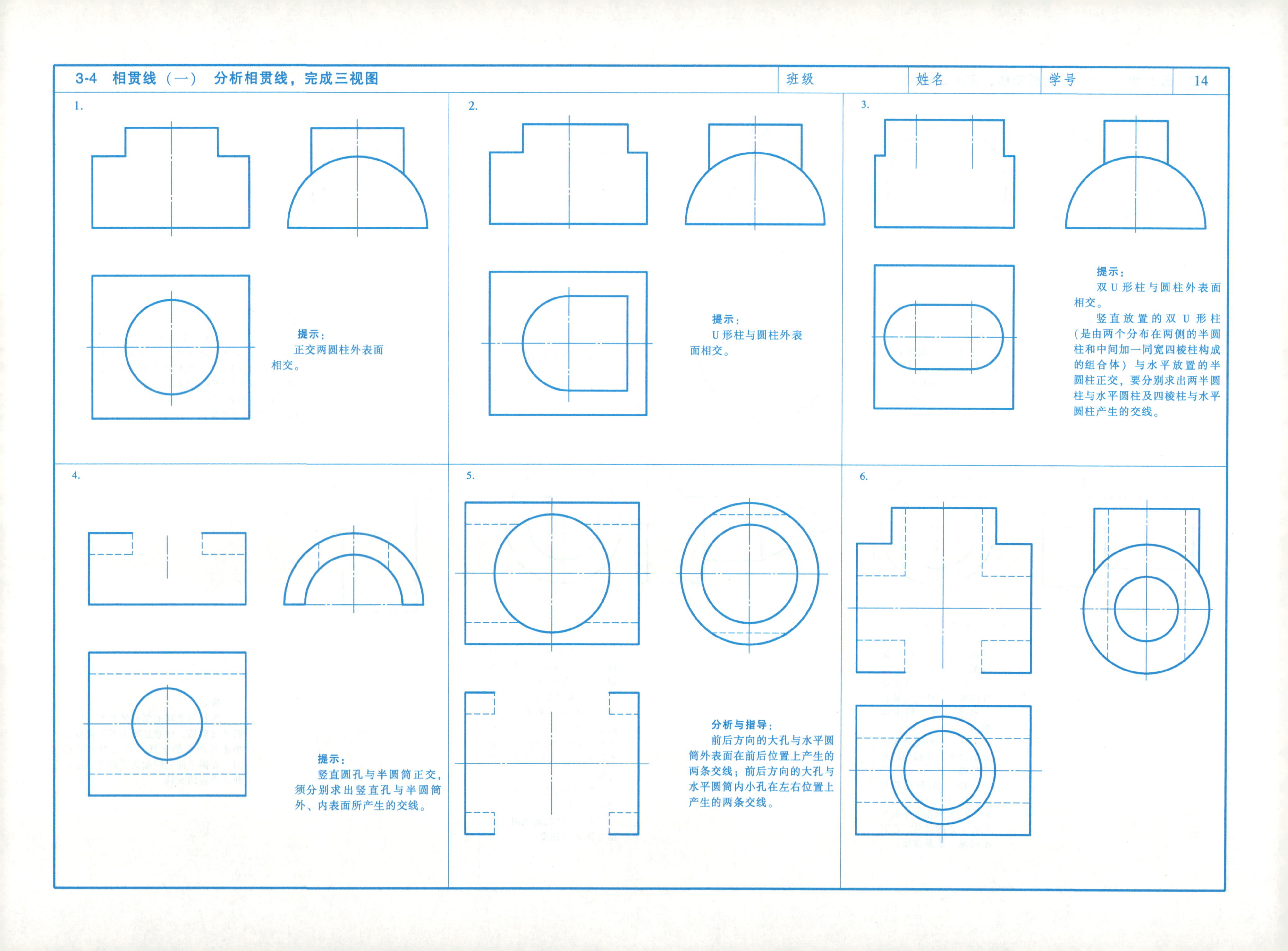
1.
提示：
正交两圆柱外表面相交。
2.
提示：
U形柱与圆柱外表面相交。
3.
提示：
双U形柱与圆柱外表面相交。
竖直放置的双U形柱（是由两个分布在两侧的半圆柱和中间加一同宽四棱柱构成的组合体）与水平放置的半圆柱正交，要分别求出两半圆柱与水平圆柱及四棱柱与水平圆柱产生的交线。
4.
提示：
竖直圆孔与半圆筒正交，须分别求出竖直孔与半圆筒外、内表面所产生的交线。
5.
分析与指导：
前后方向的大孔与水平圆筒外表面在前后位置上产生的两条交线；前后方向的大孔与水平圆筒内小孔在左右位置上产生的两条交线。
6.

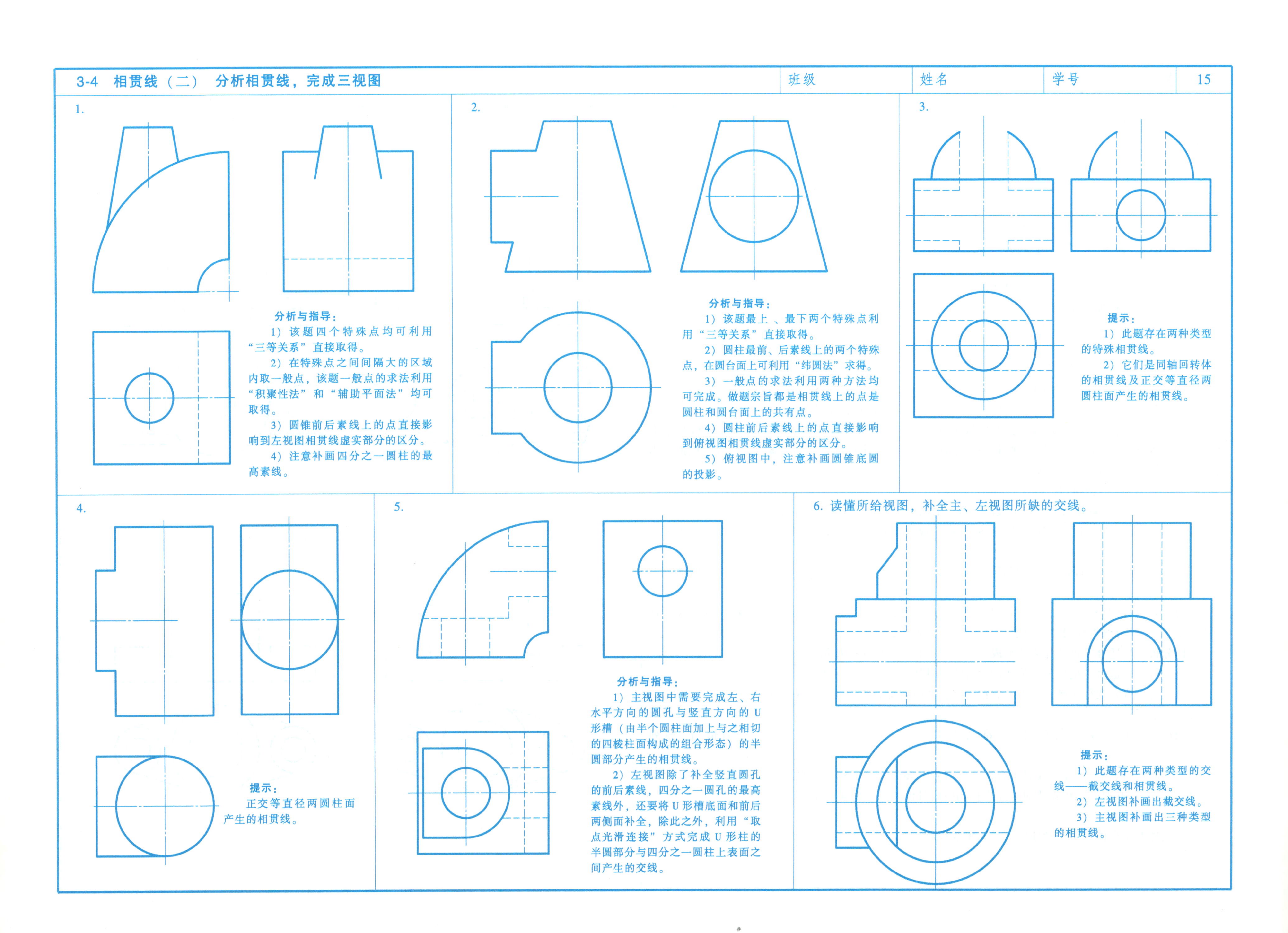
1.
分析与指导：
1）该题四个特殊点均可利用“三等关系”直接取得。
2）在特殊点之间间隔大的区域内取一般点，该题一般点的求法利用“积聚性法”和“辅助平面法”均可取得。
3）圆锥前后素线上的点直接影响到左视图相贯线虚实部分的区分。
4）注意补画四分之一圆柱的最高素线。
2.
分析与指导：
1）该题最上、最下两个特殊点利用“三等关系”直接取得。
2）圆柱最前、后素线上的两个特殊点，在圆台面上可利用“纬圆法”求得。
3）一般点的求法利用两种方法均可完成。做题宗旨都是相贯线上的点是圆柱和圆台面上的共有点。
4）圆柱前后素线上的点直接影响到俯视图相贯线虚实部分的区分。
5）俯视图中，注意补画圆锥底圆的投影。
3.
提示：
1）此题存在两种类型的特殊相贯线。
2）它们是同轴回转体的相贯线及正交等直径两圆柱面产生的相贯线。
4.
提示：
正交等直径两圆柱面产生的相贯线。
5.
分析与指导：
1）主视图中需要完成左、右水平方向的圆孔与竖直方向的U形槽（由半个圆柱面加上与之相切的四棱柱面构成的组合形态）的半圆部分产生的相贯线。
2）左视图除了补全竖直圆孔的前后素线，四分之一圆孔的最高素线外，还要将U形槽底面和前后两侧面补全，除此之外，利用“取点光滑连接”方式完成U形柱的半圆部分与四分之一圆柱上表面之间产生的交线。
6. 读懂所给视图，补全主、左视图所缺的交线。
提示：
1）此题存在两种类型的交线——截交线和相贯线。
2）左视图补画出截交线。
3）主视图补画出三种类型的相贯线。

第 4 章　组合体

复习及作业指导	班级	姓名	学号	16

1.1　基本要求

1）熟练掌握组合体三视图之间的投影规律，根据形体分析法正确画出组合体三视图。

2）熟练掌握应用形体分析法，线面分析法的读图方法和步骤，想象出组合体的形状，作出指定视图。

3）标注组合体尺寸，做到正确、完整、清晰。

4）运用组合体构形方法构造组合体。

1.2　复习指导

形体分析法是组合体读图和画图以及尺寸标注的基本方法，是本章的重点。在画图读图时，要综合应用形体分析法和线面分析法，力求化繁为简，化难为易。

1. 组合体的组合形式及邻接表面连接方式

组合体的组合形式有叠加和挖切两类，在读图画图时必须清楚组合体各形体邻接表面间的相对位置：共面、相切和相交，明确表面间分界线的虚实和有无。

2. 画组合体视图应该注意的问题

1）选好主视图。要能尽量反映组合体形状特征，并使视图中的虚线最少。

2）应先对组合体进行形体分析，然后按步骤作图。要注意分清主次，先画大形体，后画小形体，先画整体形状，后画细节形状。画每一部分时都应将其几个视图配合起来画，以保证正确的投影关系。具体作图步骤如例 4-2 所示。

3. 组合体读图注意的问题

1）要几个视图联系起来读。一个或两个视图有时不能完全确定组合体的形状。

2）要从反映形状特征的视图读起。一般先从主视图读起，联系其他视图，就比较容易地将组合体形状辨别清楚。

3）形体分析法和线面分析法读图时，均按“看视图、分线框、对投影、想形状、综合归纳想整体”的步骤进行读图。

4）形体分析法是从体的角度出发，划分视图所得的投影是一个形体的投影；而线面分析法是从面的角度出发，“分线框对投影”所得的投影是一个面的投影。

形体分析法较适合于以叠加方式形成的组合体。具体作图步骤如例 4-3 所示。

线面分析法较适合于挖切方式形成的组合体。具体作图步骤如例 4-4 所示。

组合体的组合方式往往既有叠加又有挖切，读图时要综合运用两种方法，互相配合，互相补充。

4. 尺寸标注

1）标注要求：正确（符合国家标准），完整（不遗漏，不重复），清晰（布置恰当，排列整齐）。

2）形体分析法标注尺寸：先将组合体分解为若干部分，然后标注三类尺寸（定形尺寸，定位尺寸，总体尺寸），必要时，还需要对尺寸进行调整。具体步骤如例 4-6 所示。

5. 组合体构形

构形应遵循组合体构形设计原则，避免无效构形。

例 4-1　分析各题图 a 主视图中缺少的图线，在图 b 中补画完成

1.

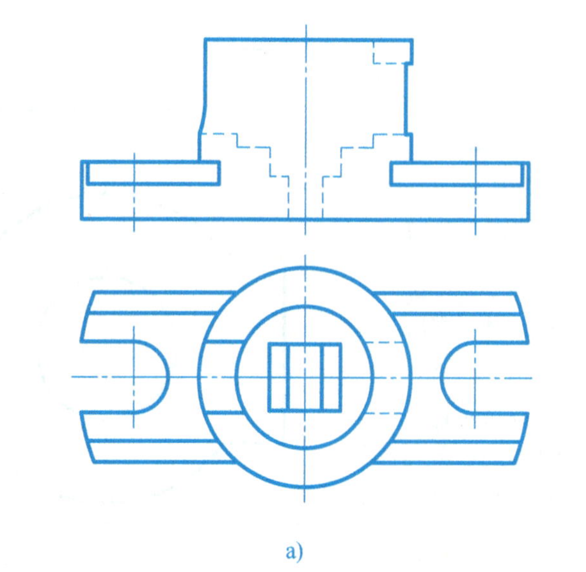

a)

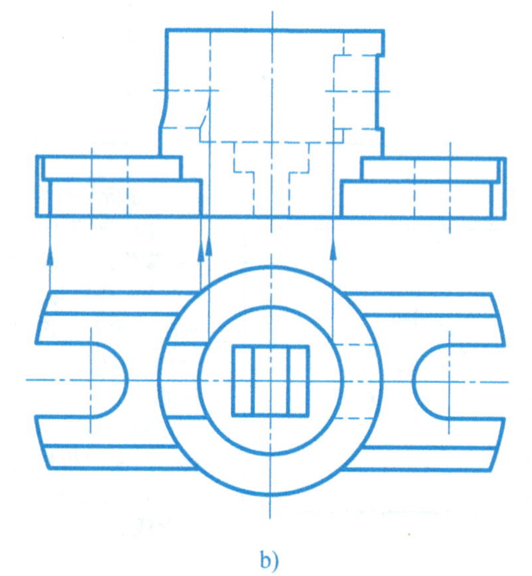

b)

2.

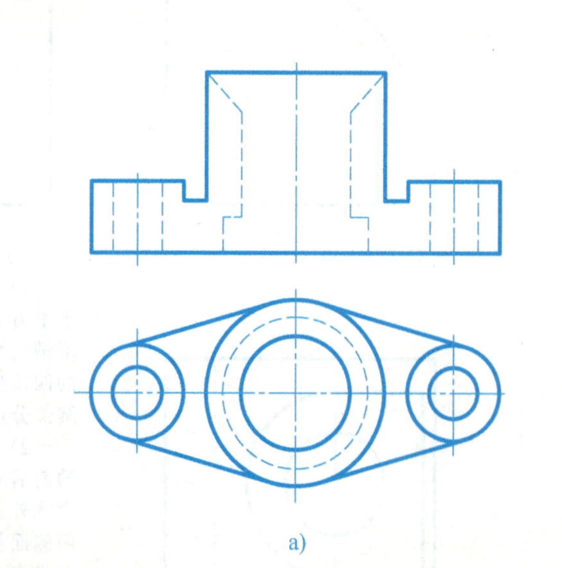

a)

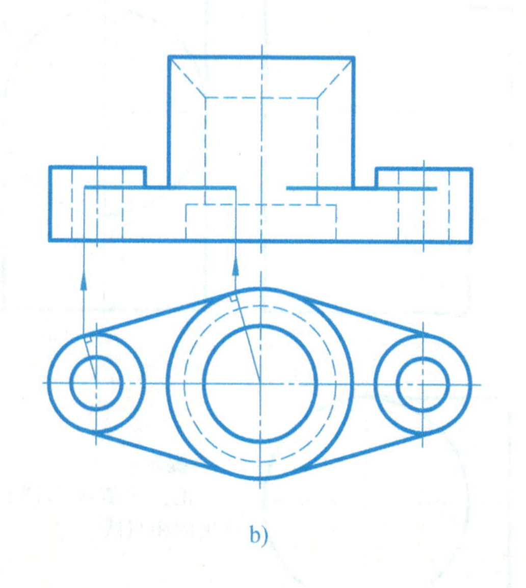

b)

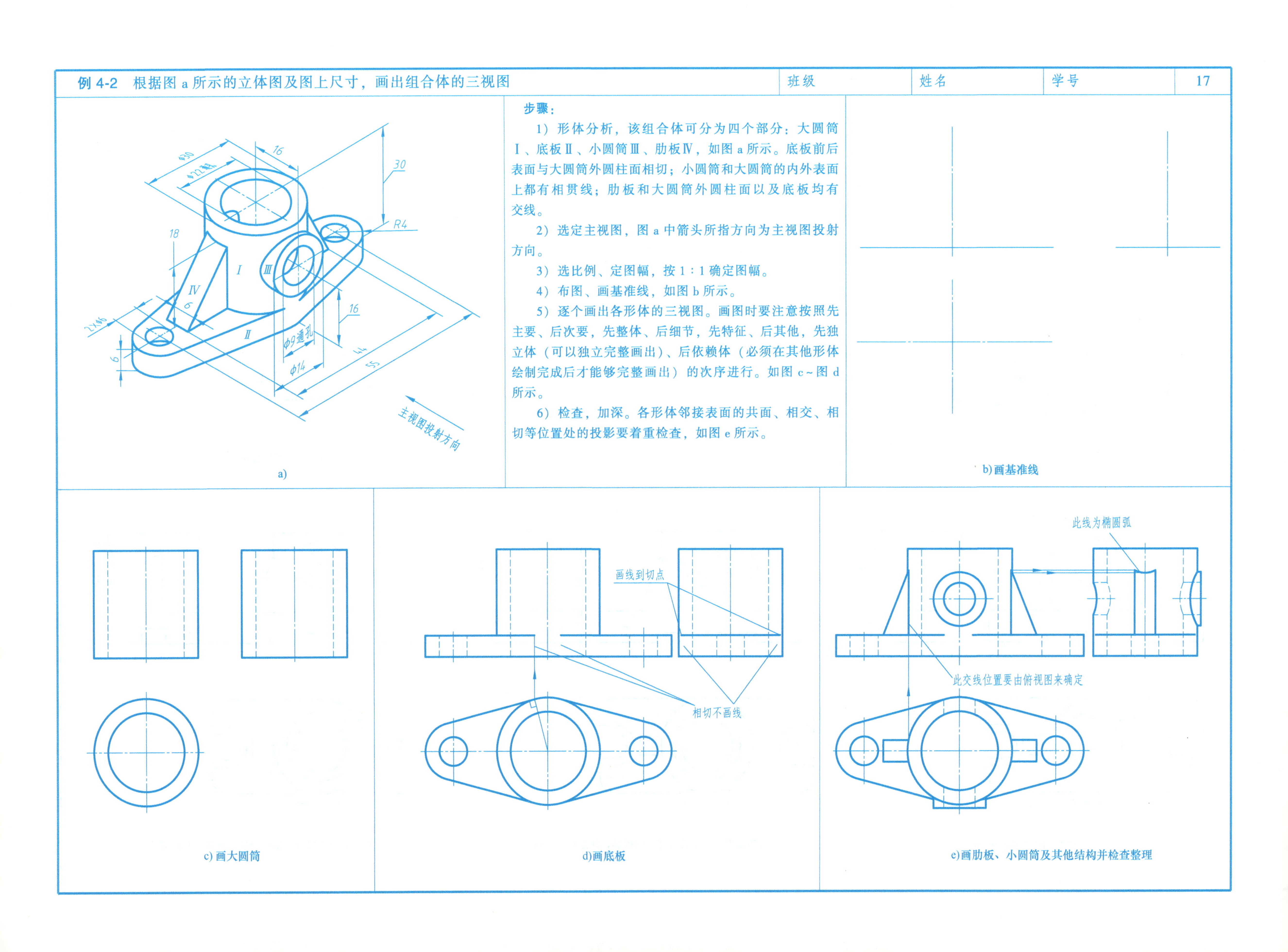

例 4-2 根据图 a 所示的立体图及图上尺寸，画出组合体的三视图

班级	姓名	学号	17

a)

步骤：

1）形体分析，该组合体可分为四个部分：大圆筒Ⅰ、底板Ⅱ、小圆筒Ⅲ、肋板Ⅳ，如图 a 所示。底板前后表面与大圆筒外圆柱面相切；小圆筒和大圆筒的内外表面上都有相贯线；肋板和大圆筒外圆柱面以及底板均有交线。

2）选定主视图，图 a 中箭头所指方向为主视图投射方向。

3）选比例、定图幅，按 1∶1 确定图幅。

4）布图、画基准线，如图 b 所示。

5）逐个画出各形体的三视图。画图时要注意按照先主要、后次要，先整体、后细节，先特征、后其他，先独立体（可以独立完整画出）、后依赖体（必须在其他形体绘制完成后才能够完整画出）的次序进行。如图 c～图 d 所示。

6）检查，加深。各形体邻接表面的共面、相交、相切等位置处的投影要着重检查，如图 e 所示。

b）画基准线

c）画大圆筒

d）画底板

e）画肋板、小圆筒及其他结构并检查整理

例 4-3 图 a 给出了组合体的主、俯视图，求作其左视图 | 班级 | 姓名 | 学号 |

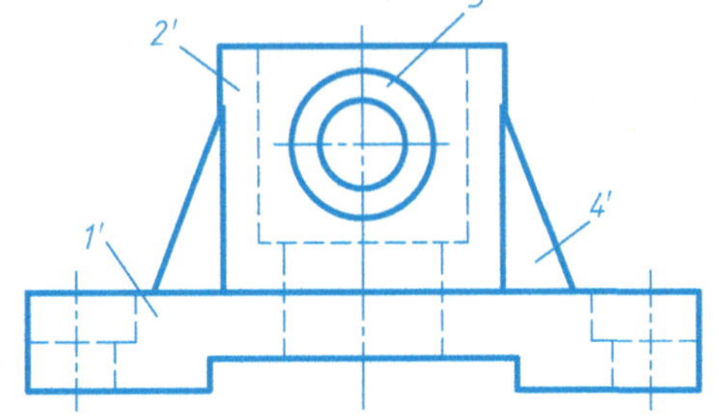

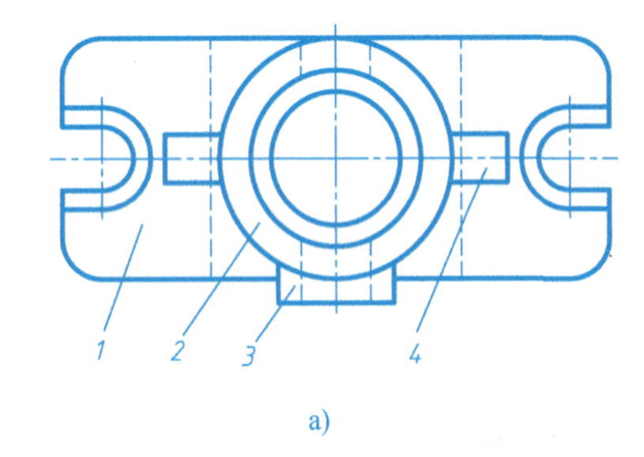

a)

步骤：

1）形体分析，将主视图线框分离为 1'～4'四个线框，通过对照主、俯视图的投影关系，可初步确定该形体主要由四个基本部分组成，如图 a 所示，形体Ⅰ为长方形底板，形体Ⅱ为圆筒，形体Ⅲ为小圆筒，形体Ⅳ为三角形肋板。

2）作图，如图 b～图 e 所示。作图时应按照先大后小、先整体后细节、先外形后内形的步骤依次完成各部分视图。作图要严格保证“长对正、高平齐、宽相等”的投影规律。

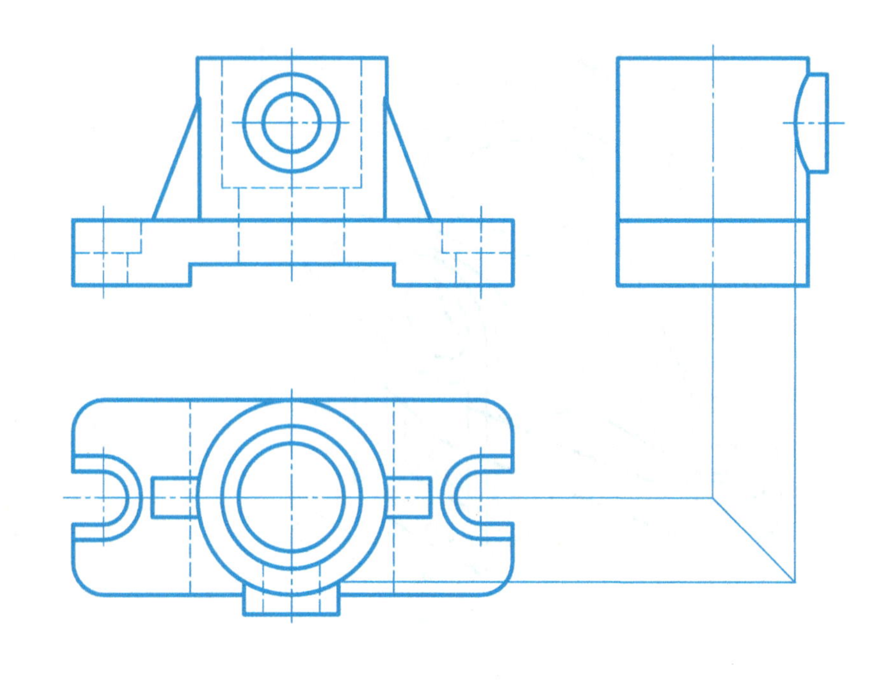

b) 作出形体主要外形轮廓

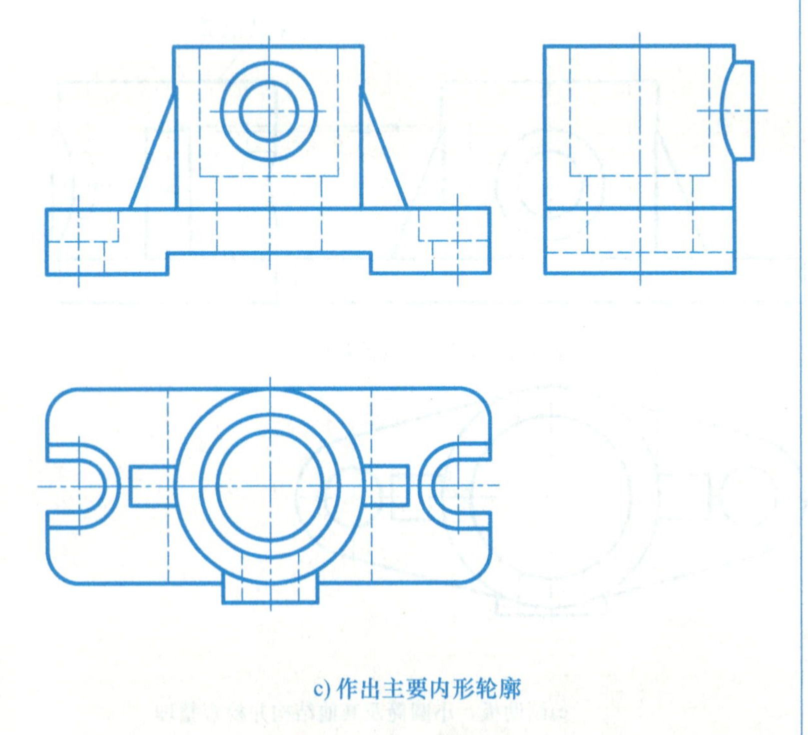

c) 作出主要内形轮廓

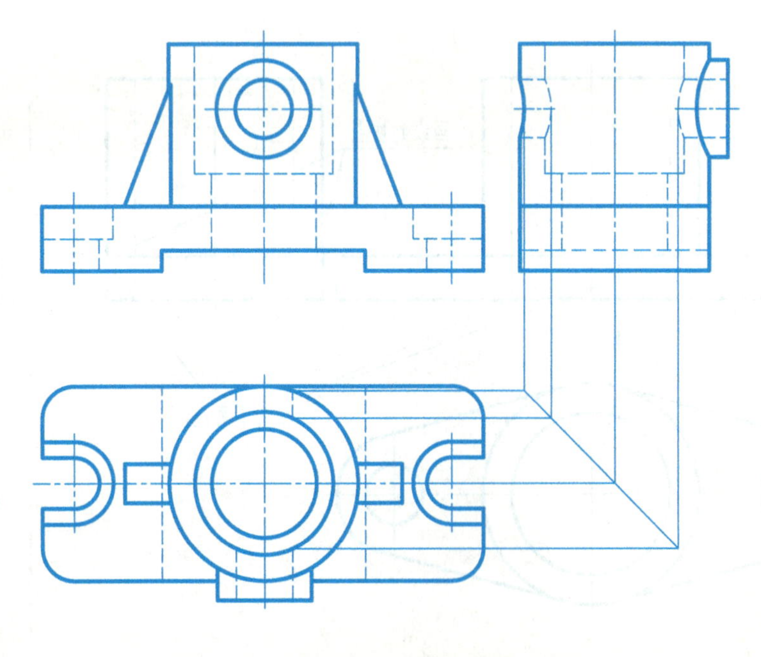

d) 作出大圆筒前后贯穿孔的投影，注意相贯线画法

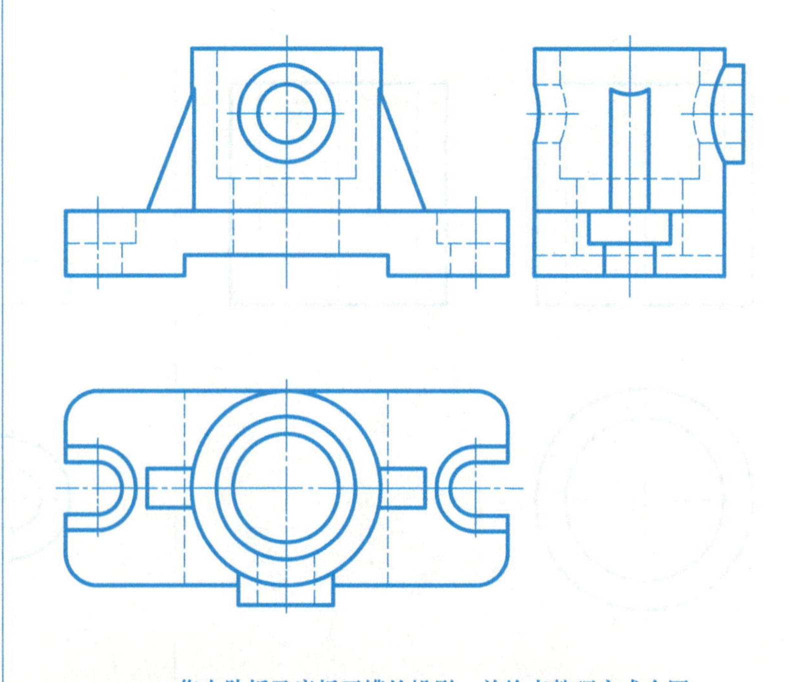

e) 作出肋板及底板开槽的投影，并检查整理完成全图

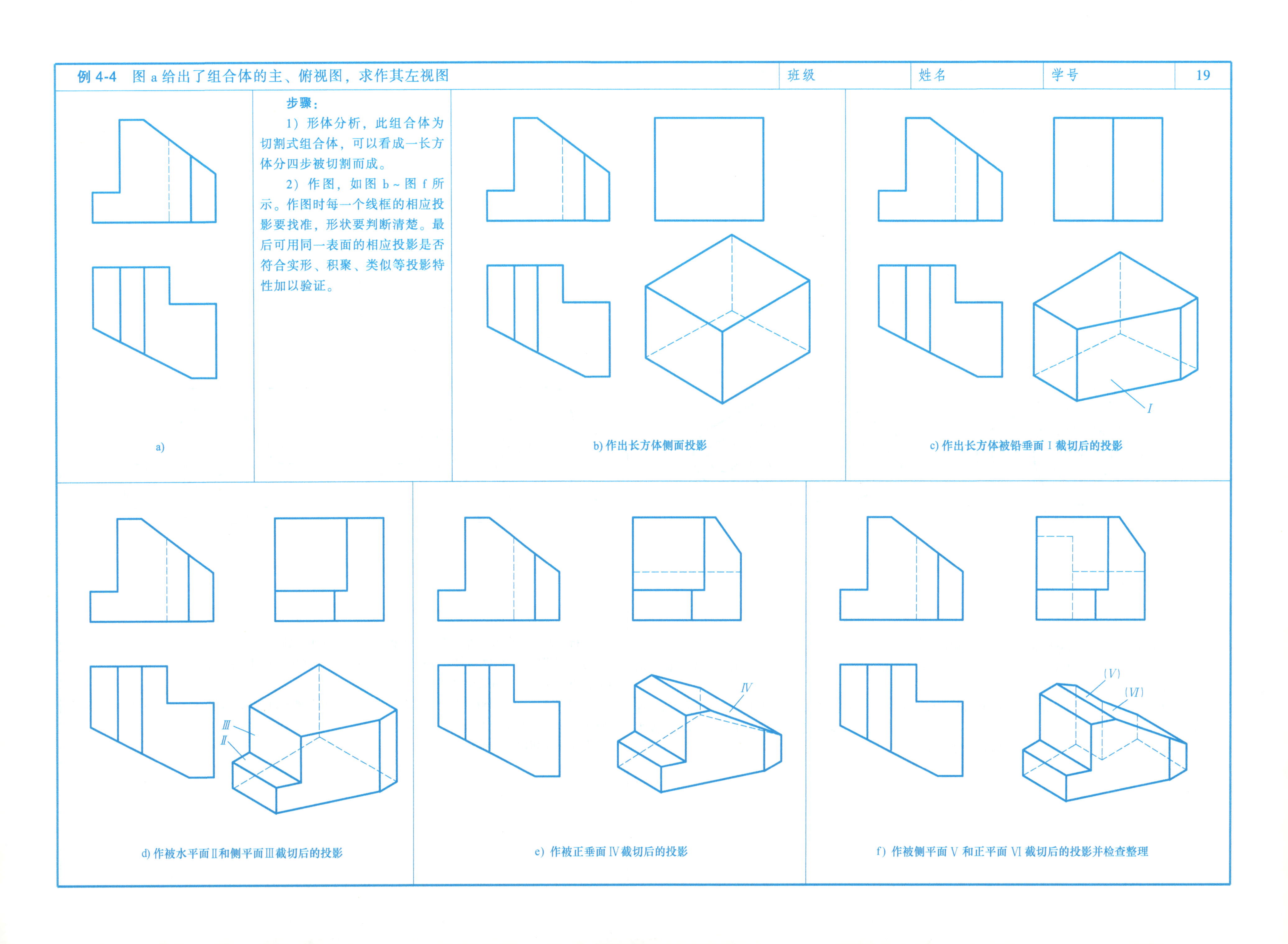

a)

b) 作出长方体侧面投影

c) 作出长方体被铅垂面 I 截切后的投影

d) 作被水平面Ⅱ和侧平面Ⅲ截切后的投影

e) 作被正垂面Ⅳ截切后的投影

f) 作被侧平面Ⅴ和正平面Ⅵ截切后的投影并检查整理

1.

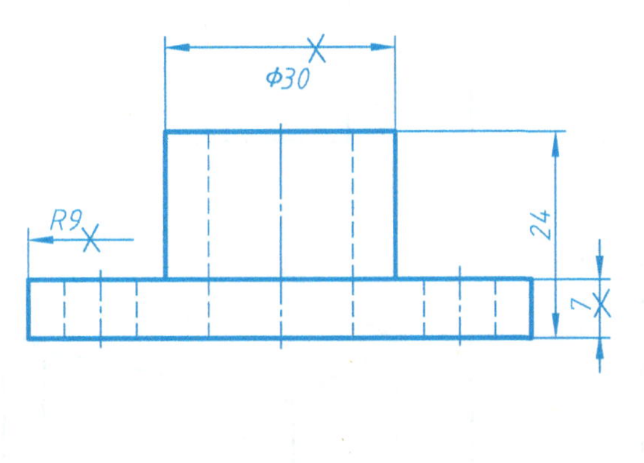

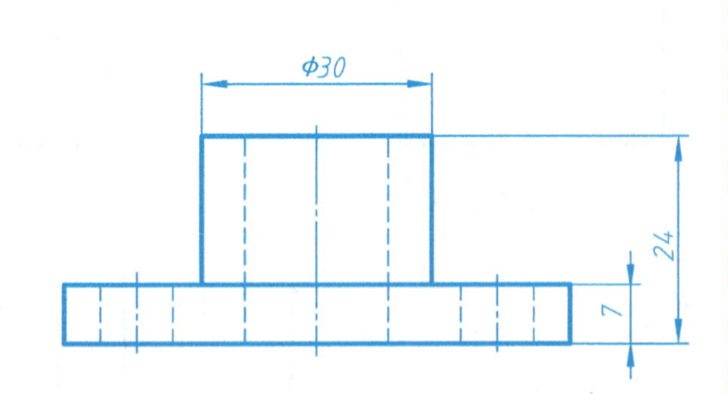

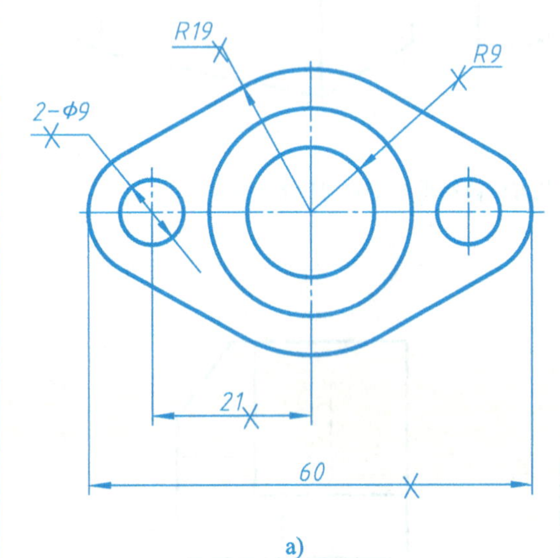

a)

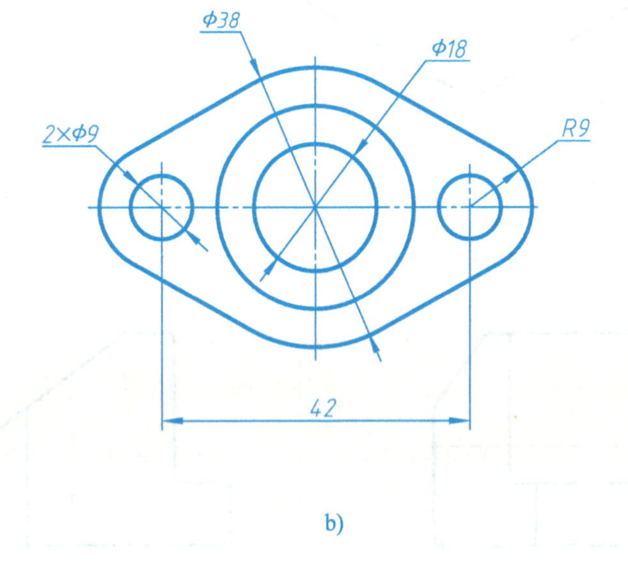

b)

分析：此组合体由两部分构成：底板、大圆筒。

1）主视图：尺寸数字 ϕ30 应置于尺寸线上方；尺寸 7 和 24 应按“小尺寸在内大尺寸在外”的原则布置；尺寸 *R*9 应注在圆弧的视图上。

2）俯视图：底板左右两端均为回转面，尺寸 60 不应注出，该方向总体尺寸由图 b 中 42 和 *R*9 确定；该组合体长度方向对称，尺寸 21 改为图 b 中的 42；*R*19 标注对象为同一圆上的对称圆弧，改为 ϕ38；*R*9 标注对象为圆，改为 ϕ18；2-ϕ9 改为 2×ϕ9。

正确标注如图 b 所示。

2.

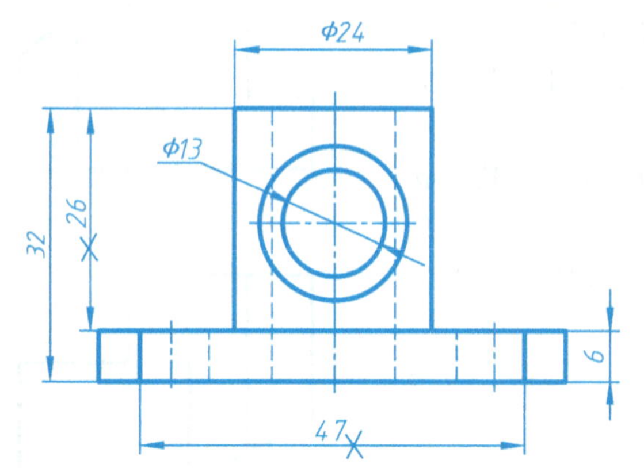

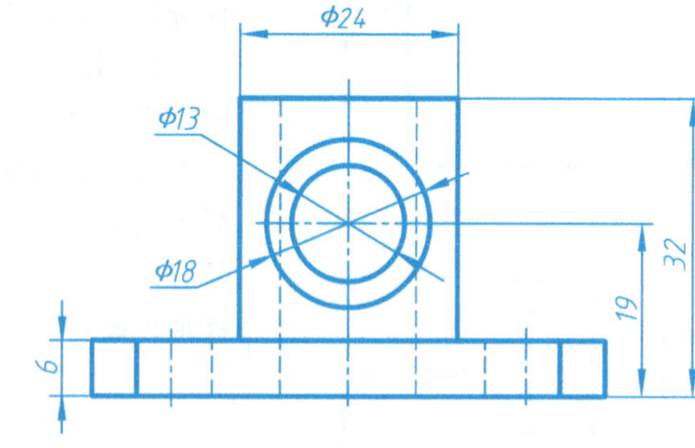

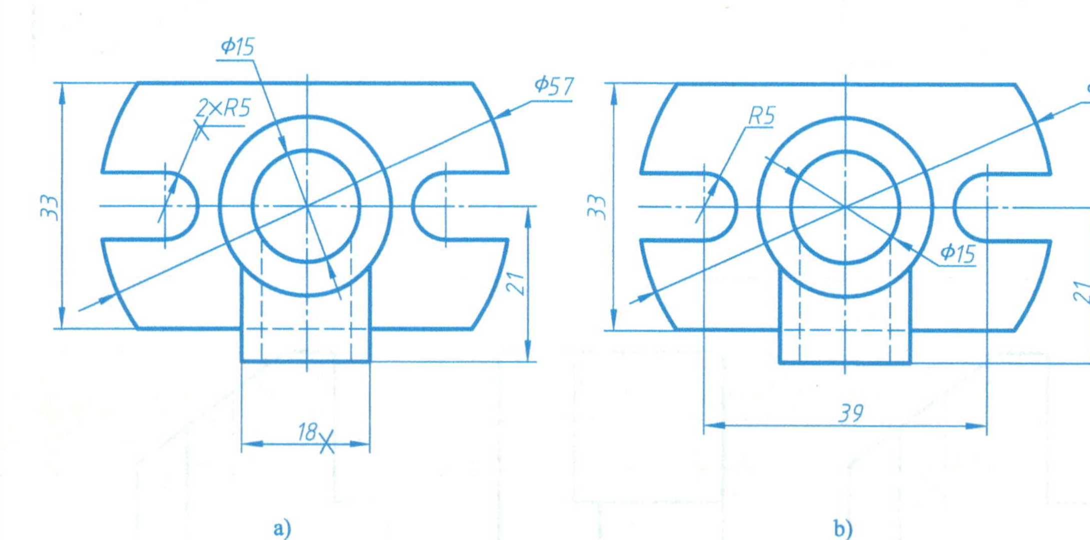

a) b)

分析：此组合体由三部分构成：底板、大圆筒和小圆筒。

1）主视图：尺寸 47 由尺寸 ϕ57 和 33 确定，不应注出；尺寸 26、尺寸 6 与总高 32 重复，应调整；小圆筒高度方向缺少定位尺寸。

2）俯视图：尺寸 2×*R*5 不应注数量；左右两端的开槽长度方向未定位；尺寸 18 为直径尺寸，前面应加符号“ϕ”，并标注在主视图中。

正确标注如图 b 所示。

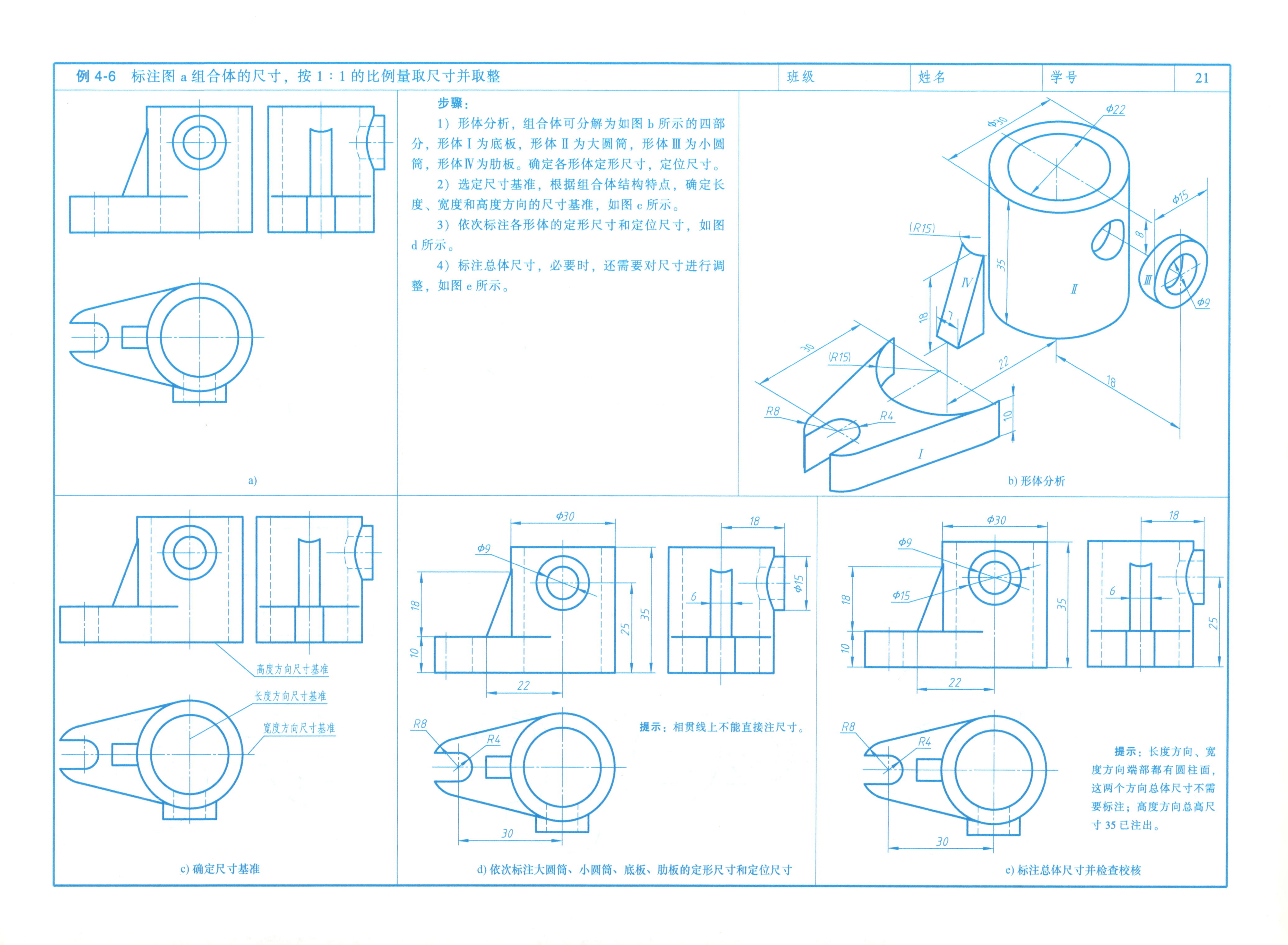

例 4-6　标注图 a 组合体的尺寸，按 1∶1 的比例量取尺寸并取整

步骤：

1）形体分析，组合体可分解为如图 b 所示的四部分，形体Ⅰ为底板，形体Ⅱ为大圆筒，形体Ⅲ为小圆筒，形体Ⅳ为肋板。确定各形体定形尺寸，定位尺寸。

2）选定尺寸基准，根据组合体结构特点，确定长度、宽度和高度方向的尺寸基准，如图 c 所示。

3）依次标注各形体的定形尺寸和定位尺寸，如图 d 所示。

4）标注总体尺寸，必要时，还需要对尺寸进行调整，如图 e 所示。

a)

b) 形体分析

c) 确定尺寸基准

d) 依次标注大圆筒、小圆筒、底板、肋板的定形尺寸和定位尺寸

e) 标注总体尺寸并检查校核

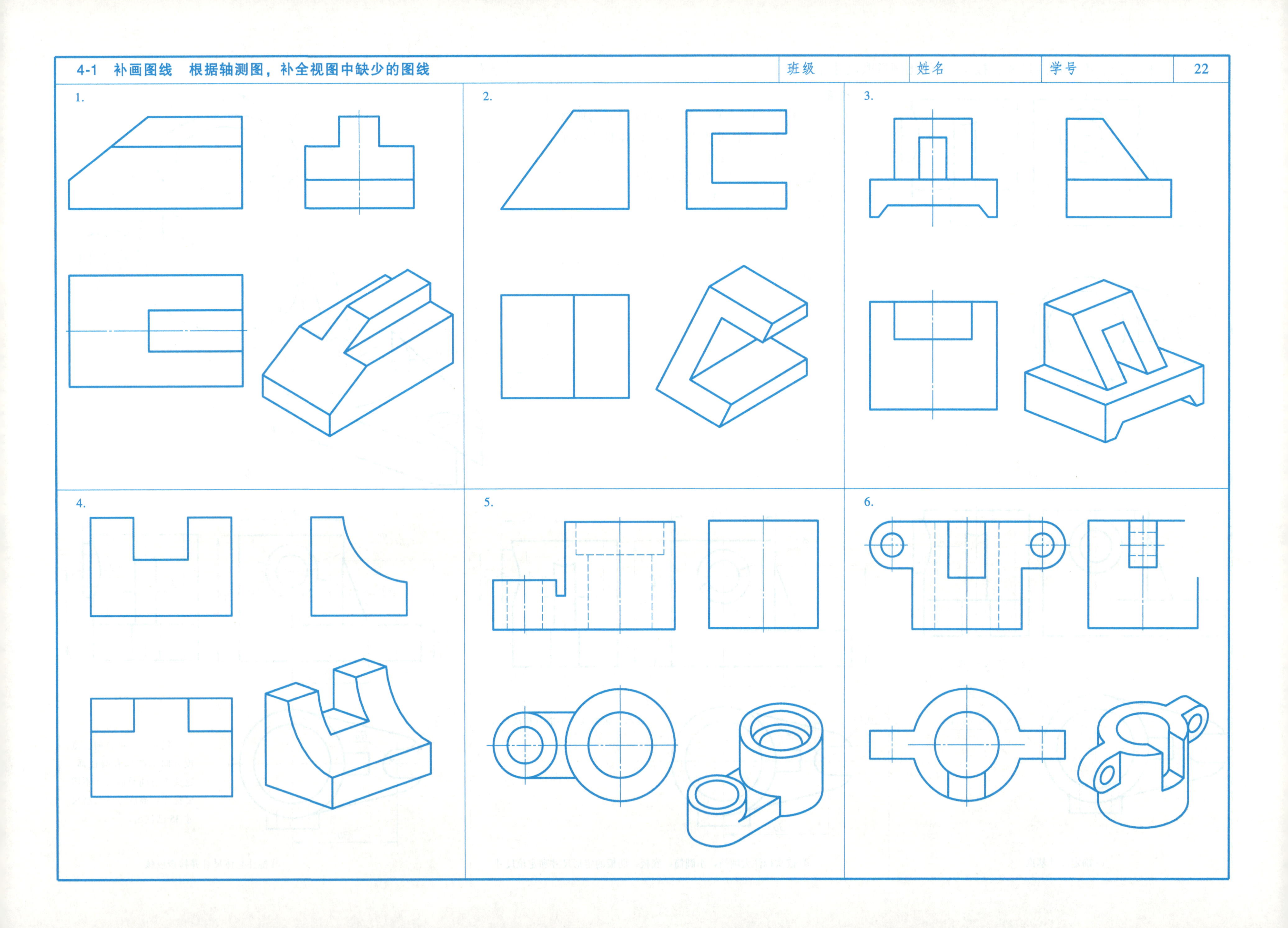
1.
2.
3.
4.
5.
6.

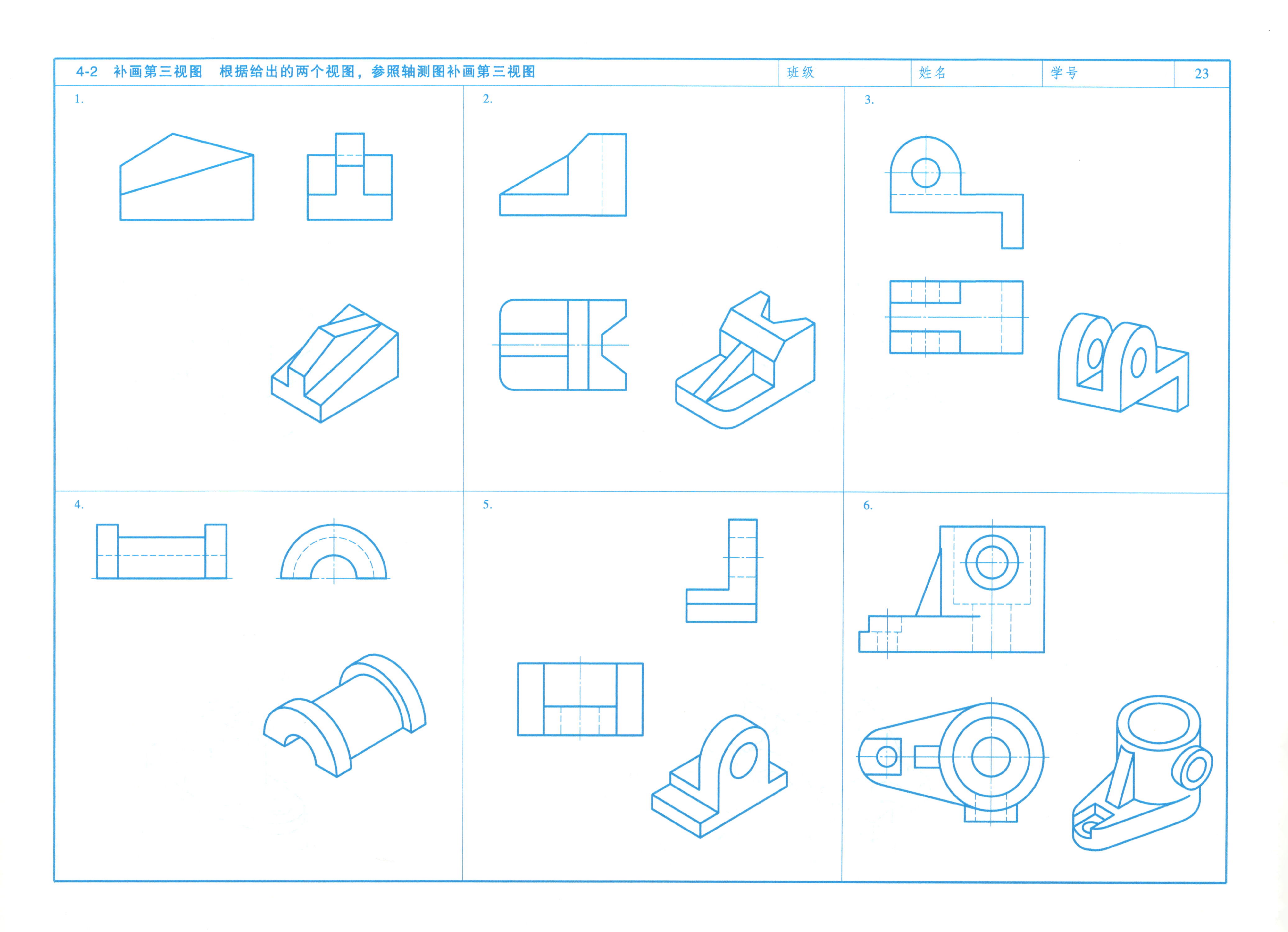
4-2 补画第三视图 根据给出的两个视图，参照轴测图补画第三视图
班级
姓名
学号
23
1.
2.
3.
4.
5.
6.

4-3 画三视图 根据立体图及图上尺寸，画出组合体三视图
班级
姓名
学号
24
1.
16
Φ12通孔
R10
9
7
6
8
2×Φ8
30
42
30
R6
主视图投射方向
2.
4
4
28
20
9
R7
2×Φ8通孔
R10
4
18
41
23
通槽
主视图投射方向
3.
20×20
10×10通孔
30
25
40
R12通孔
R4
R20
60
74
6
主视图投射方向
4.
Φ30
4
10
30
Φ20通孔
R10
2×Φ10
50
5
主视图投射方向

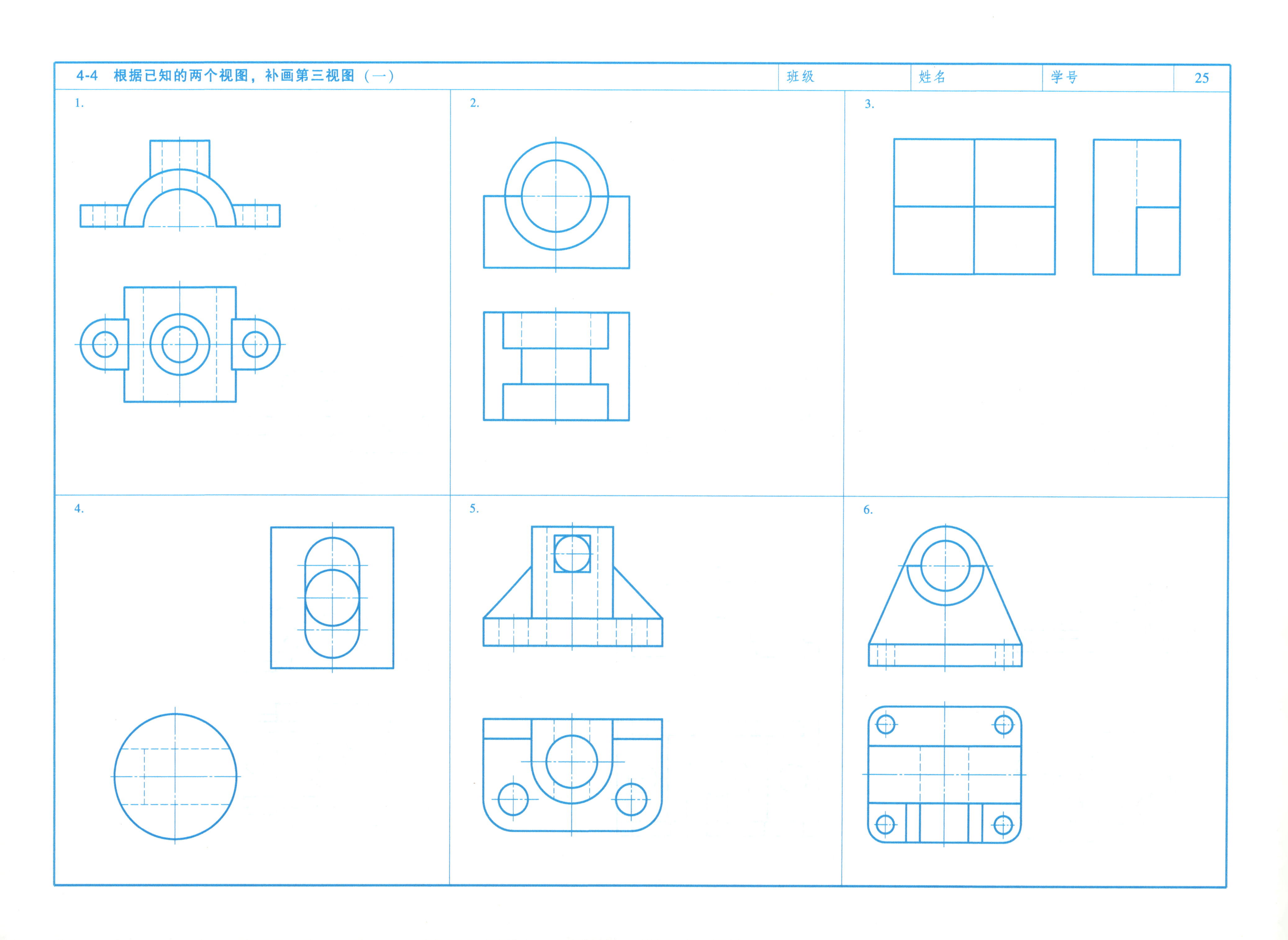
4-4 根据已知的两个视图，补画第三视图（一）
班级
姓名
学号
25
1.
2.
3.
4.
5.
6.

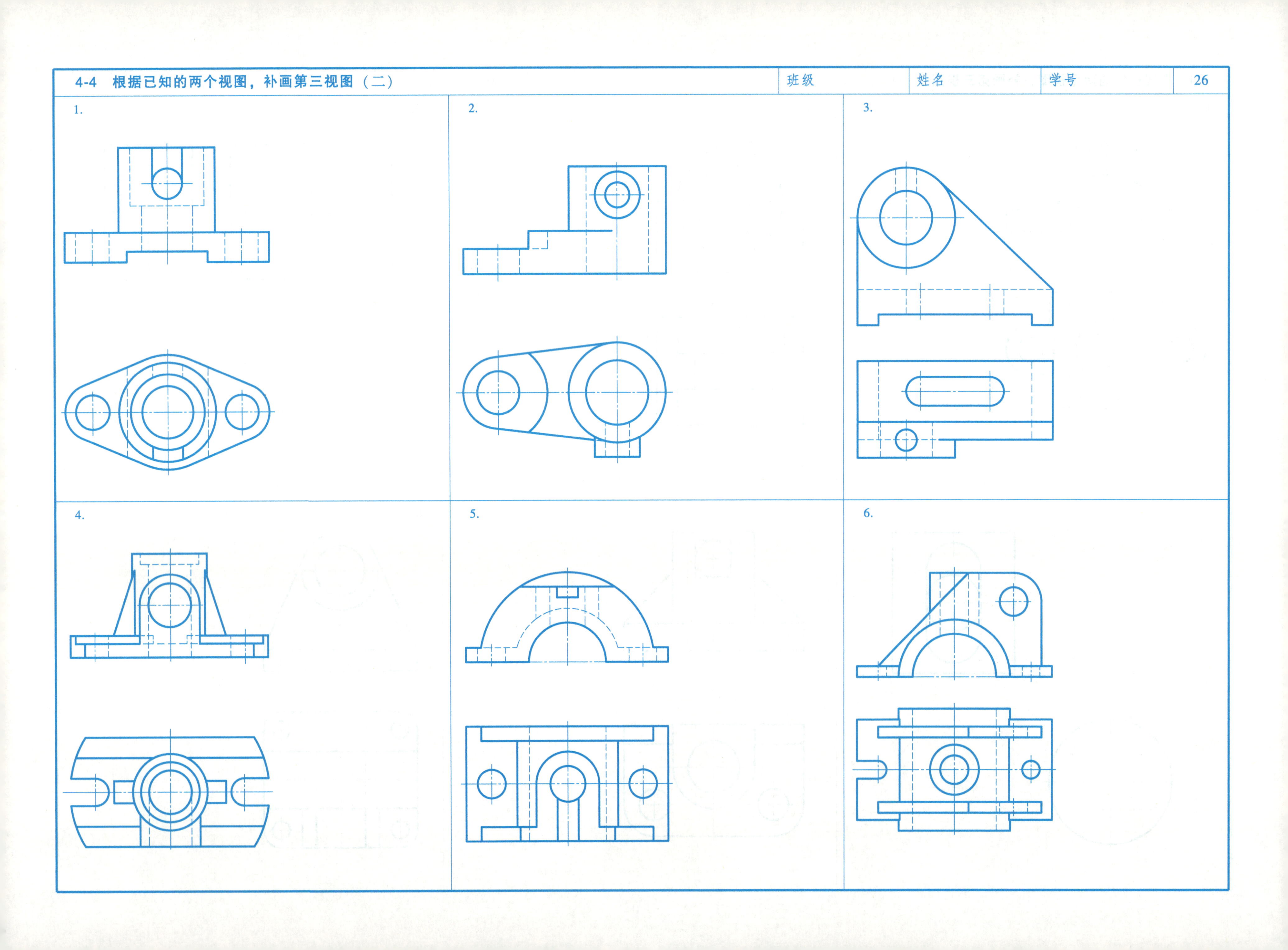
4-4　根据已知的两个视图，补画第三视图（二）
班级
姓名
学号
26
1.
2.
3.
4.
5.
6.

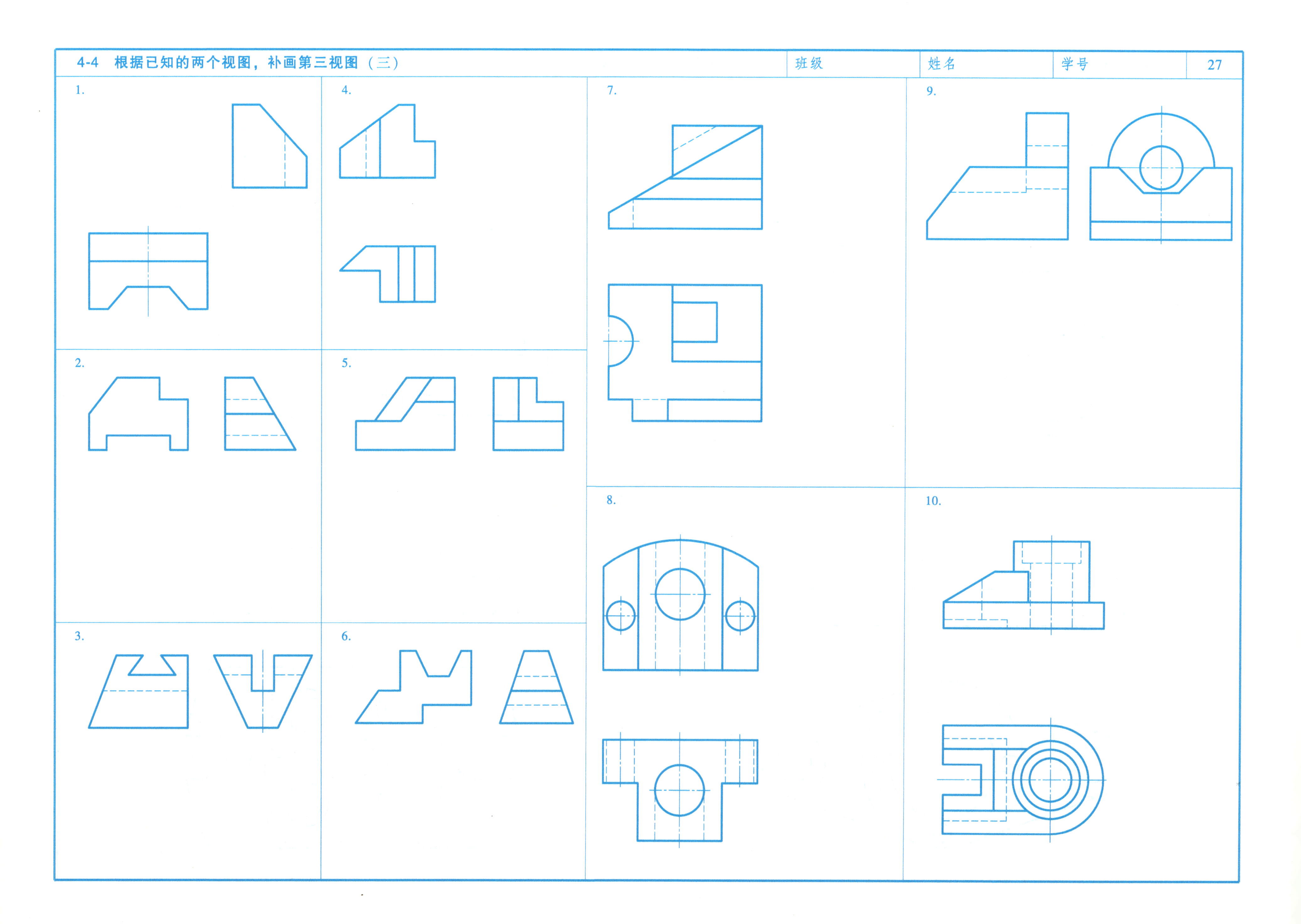
4-4 根据已知的两个视图，补画第三视图（三）
班级
姓名
学号
27
1.
2.
3.
4.
5.
6.
7.
8.
9.
10.

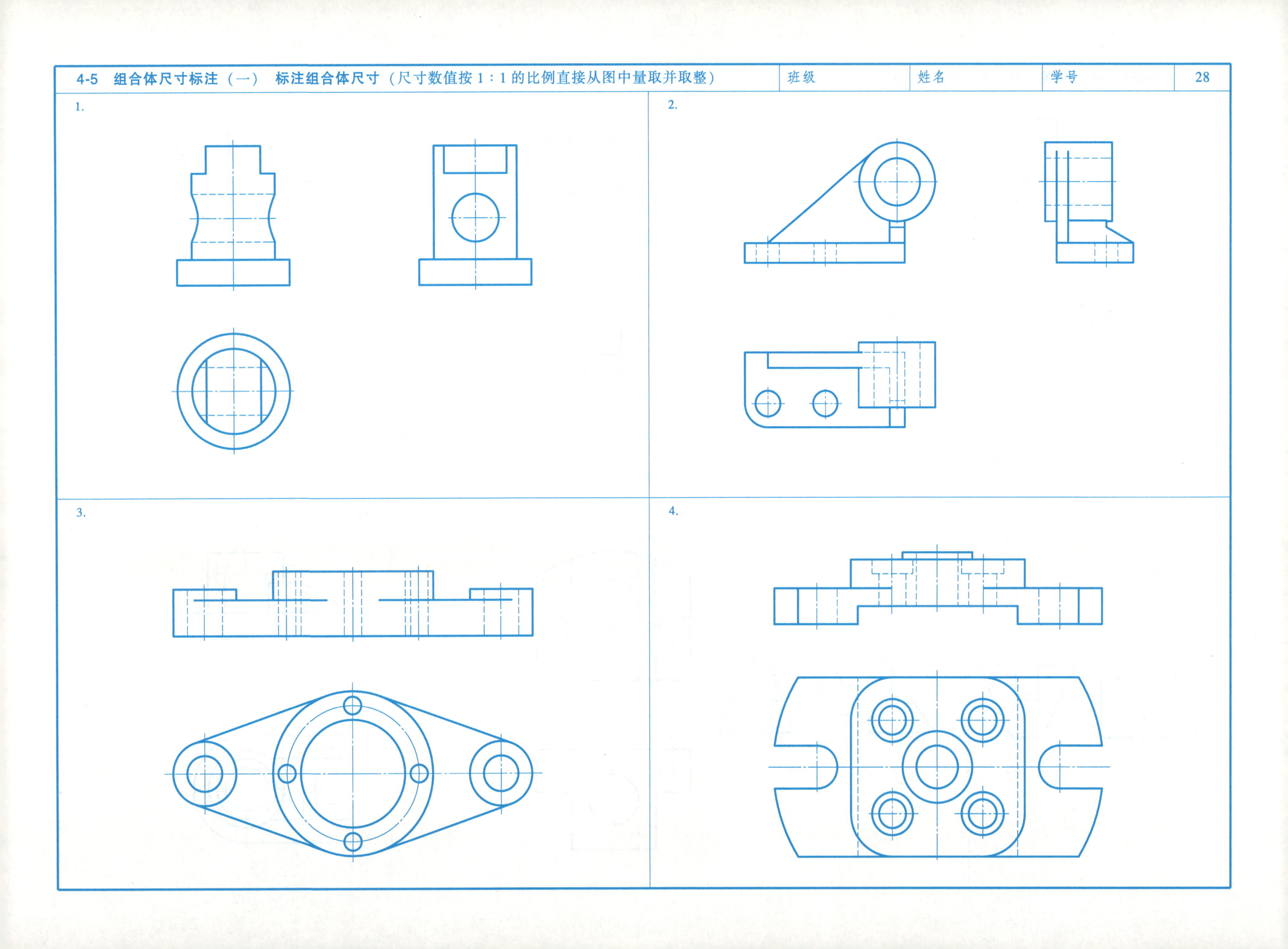
1.
2.
3.
4.

4-5 组合体尺寸标注（二） 标注组合体尺寸（尺寸数值按 1∶1 的比例直接从图中量取并取整），其中 1、2、3 题还需补画左视图	班级	姓名	学号	29

1.

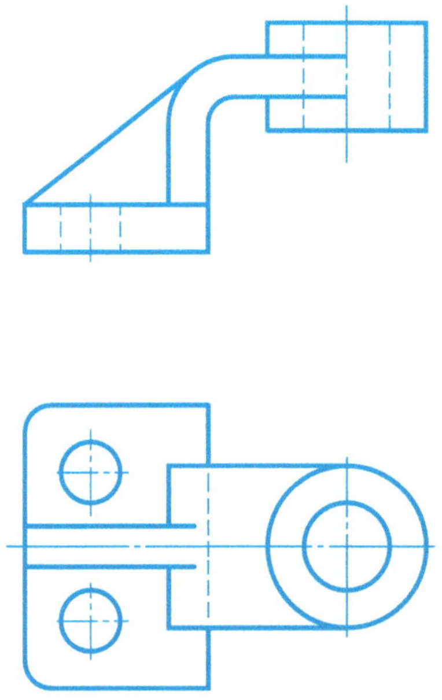

2.

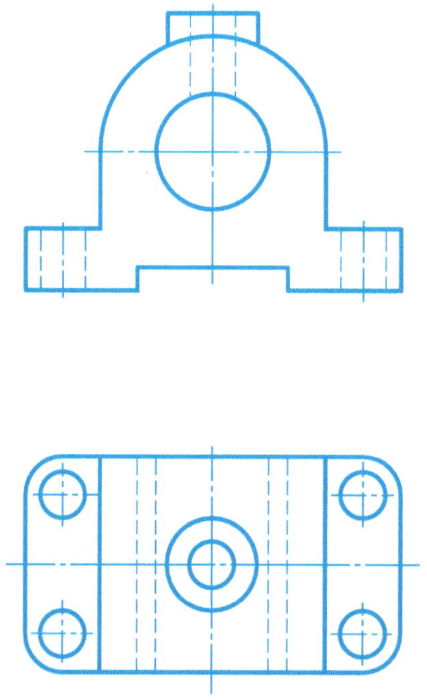

3.

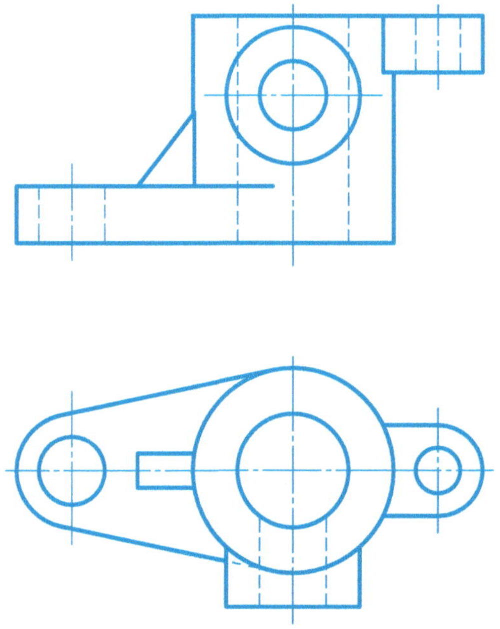

4.

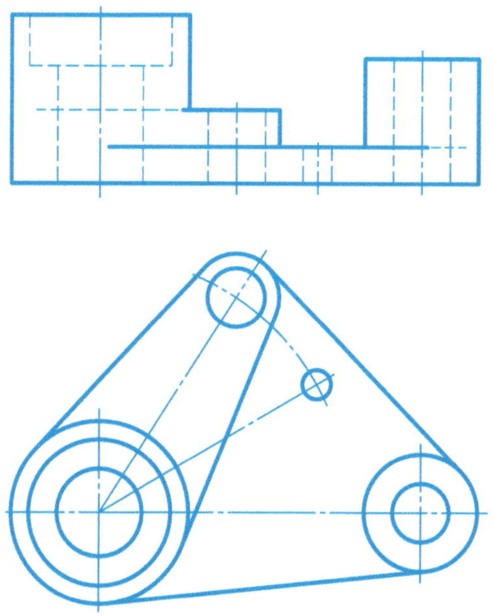

4-6 组合体构形设计（一） 根据已知的一个视图，构思出两个组合体，并画出其三个视图	班级	姓名	学号	30

1. 已知视图为主视图。	方案 1	方案 2
2. 已知视图为俯视图。	方案 1	方案 2

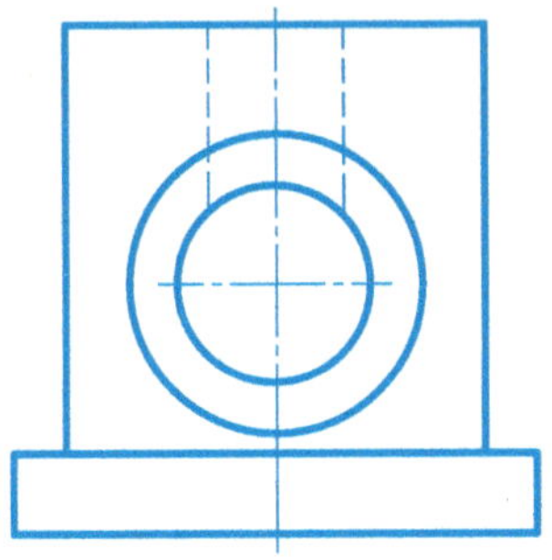

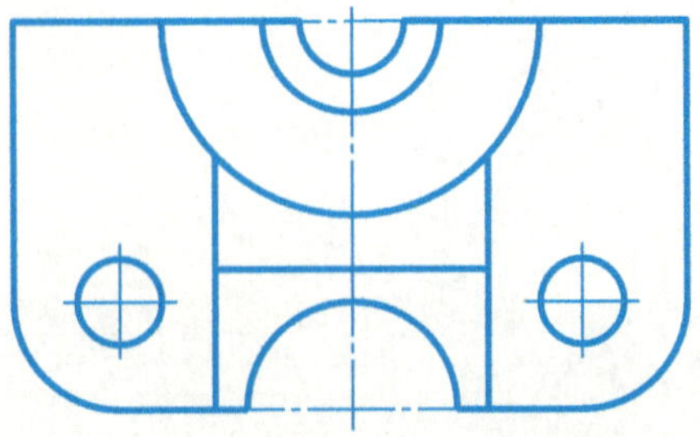

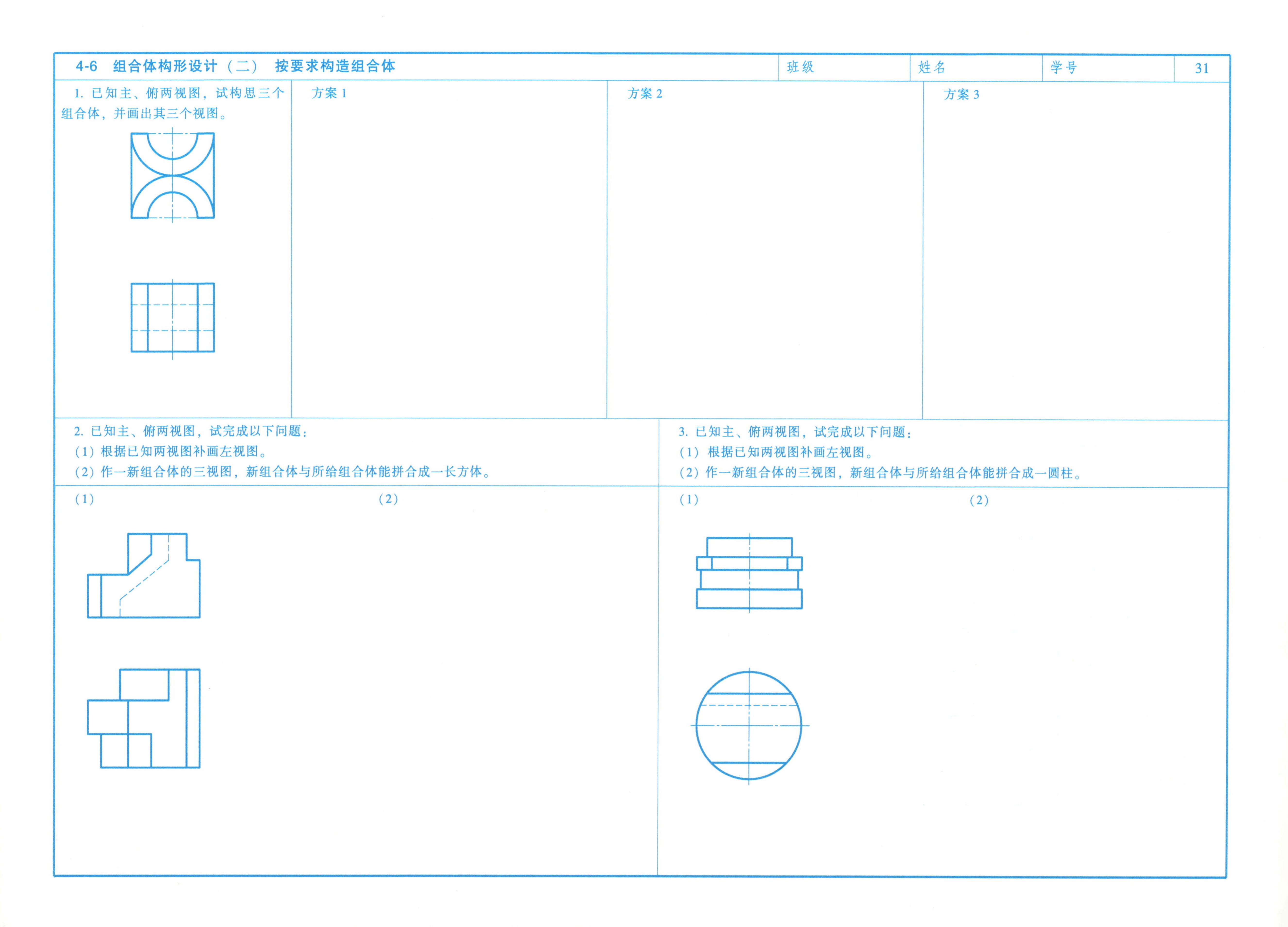
4-6　组合体构形设计（二）　按要求构造组合体
班级
姓名
学号
31
1. 已知主、俯两视图，试构思三个组合体，并画出其三个视图。
方案 1
方案 2
方案 3
2. 已知主、俯两视图，试完成以下问题：
（1）根据已知两视图补画左视图。
（2）作一新组合体的三视图，新组合体与所给组合体能拼合成一长方体。
（1）
（2）
3. 已知主、俯两视图，试完成以下问题：
（1）根据已知两视图补画左视图。
（2）作一新组合体的三视图，新组合体与所给组合体能拼合成一圆柱。
（1）
（2）

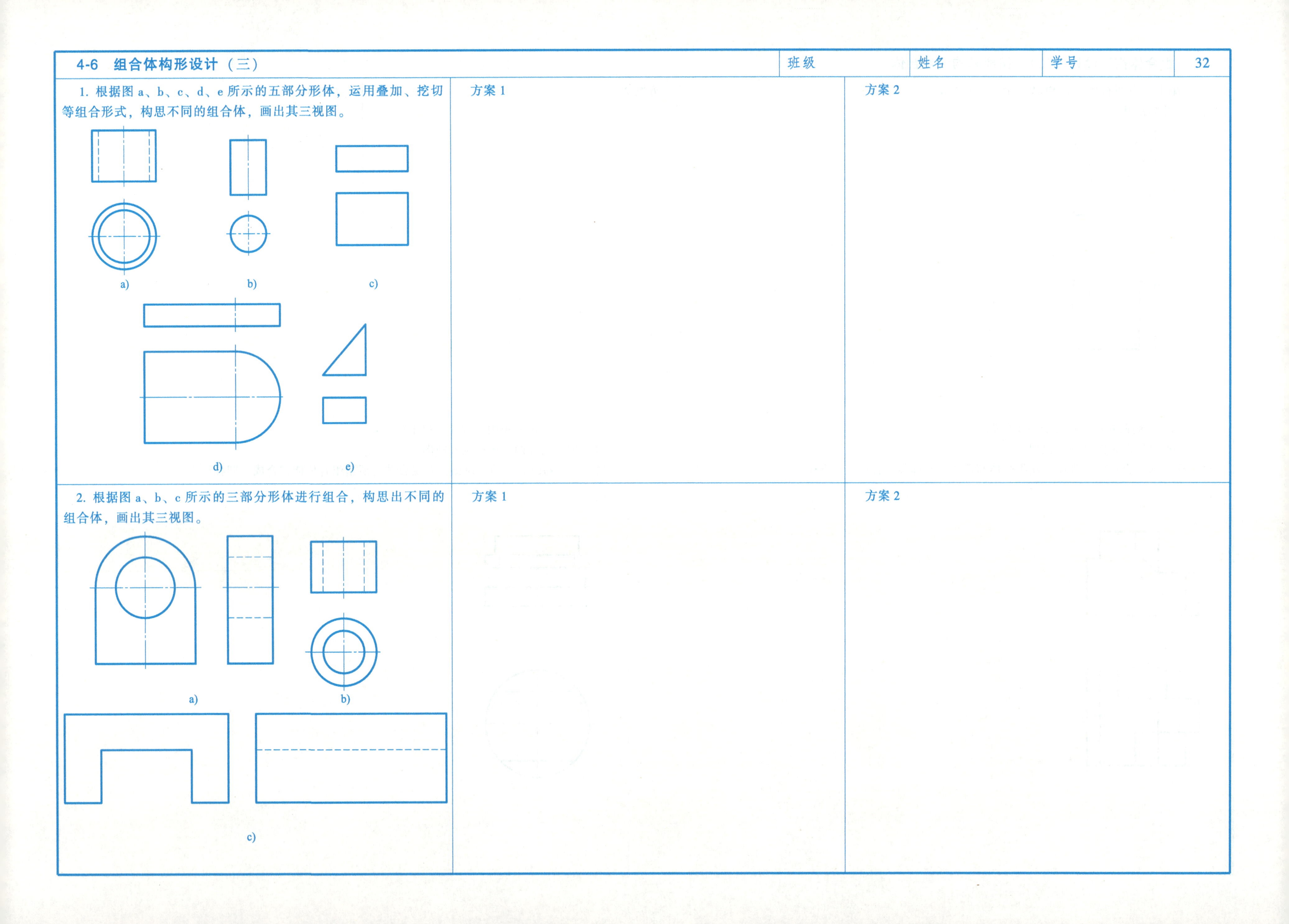
4-6 组合体构形设计（三）
班级
姓名
学号
32
1. 根据图a、b、c、d、e所示的五部分形体，运用叠加、挖切等组合形式，构思不同的组合体，画出其三视图。
a)
b)
c)
d)
e)
方案1
方案2
2. 根据图a、b、c所示的三部分形体进行组合，构思出不同的组合体，画出其三视图。
a)
b)
c)
方案1
方案2

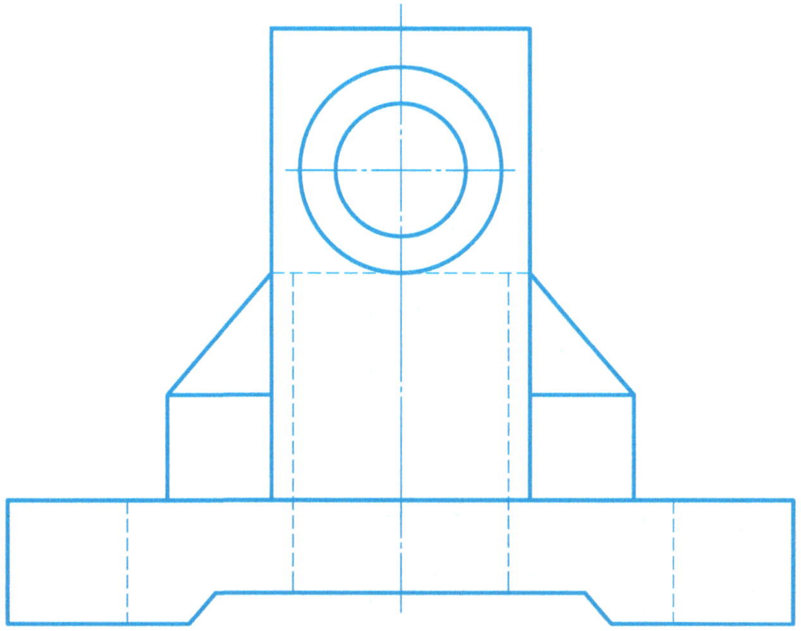

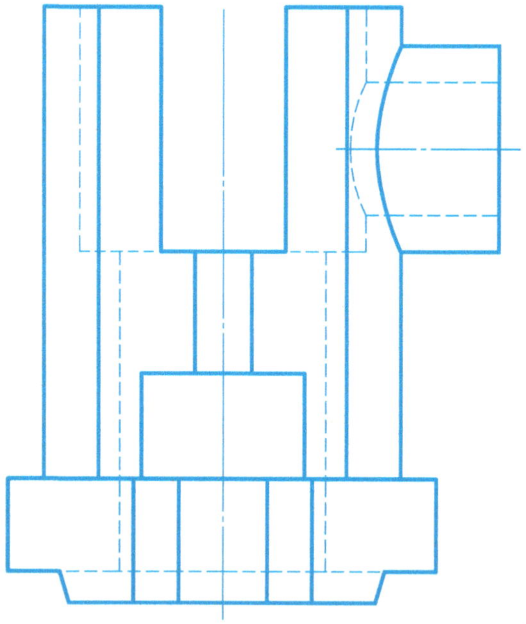

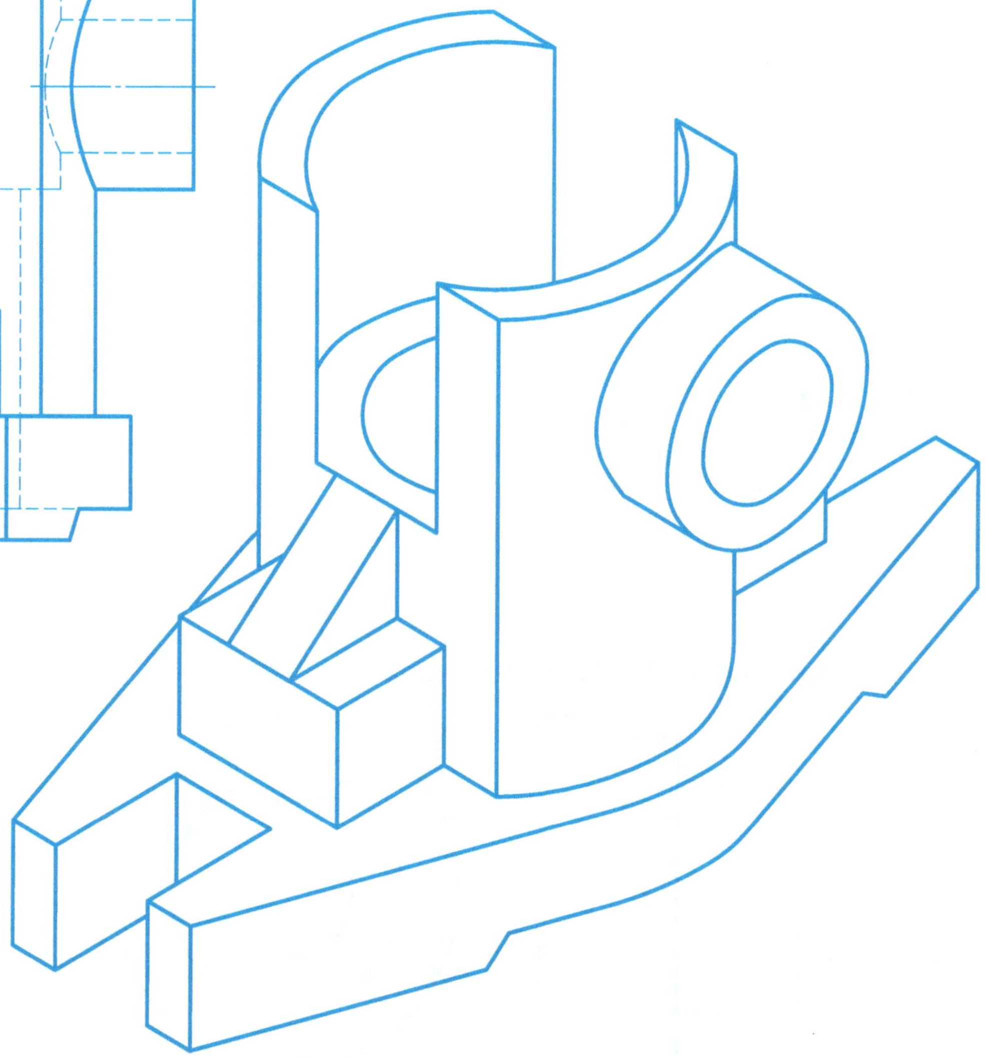

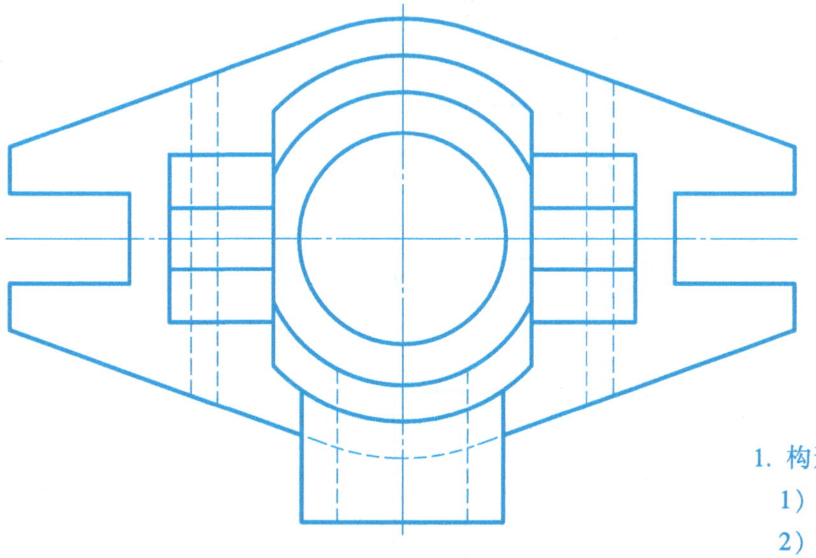

1. 构形要求：
   1）主体形体可以由棱柱体、圆柱体或圆锥体组成。
   2）组合形式有叠加、靠齐、相交。组合体表面有平-曲相切，表面上有切口和内外相贯。
2. 设计巧妙，构思新颖。
3. 在A3图纸上画出三视图和轴测图。视图配置合理，尺寸标注清晰。

组合体构形设计		比例		图号	
		件数		材料	
制图		(日期)			
审核					

第 5 章　轴测图

轴测图（一）	班级	姓名	学号	34

1. 根据主视图和俯视图画出左视图，并画出正等轴测图和斜二等轴测图。

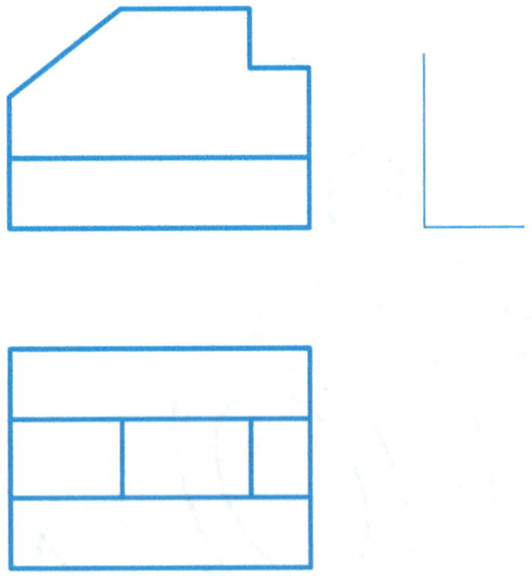

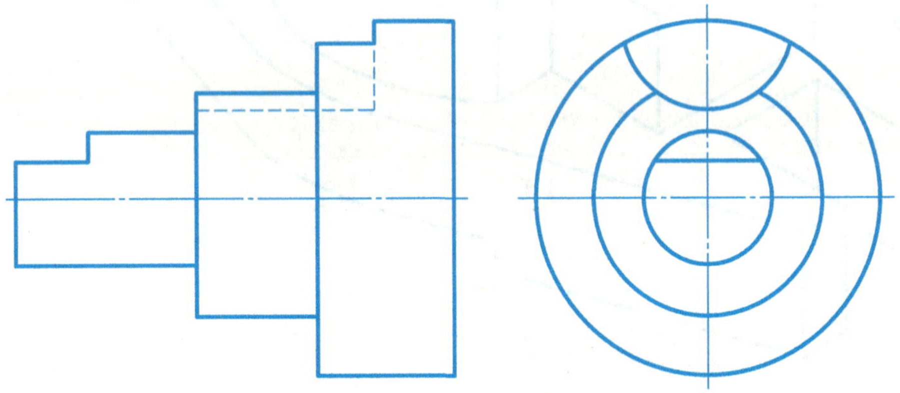

3. 用合适的轴测图表达物体。

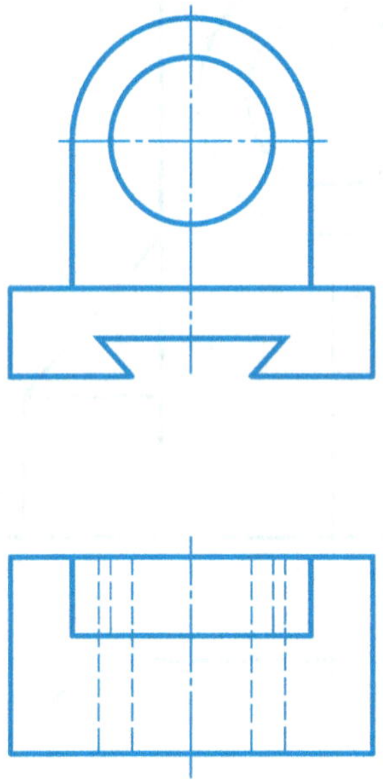

2. 画出物体的俯视图和轴测投影面平行于 YOZ 坐标面的斜二等轴测图。

4. 根据主视图和俯视图画出左视图，并画出斜二等轴测图或正等轴测图。

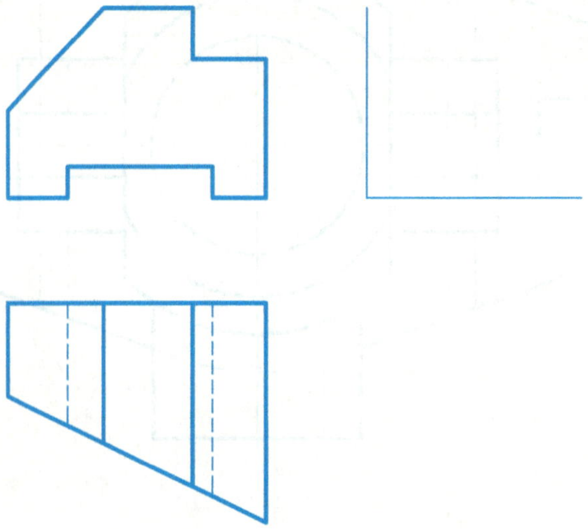

1. 画出物体的正等轴测图或斜二等轴测图。

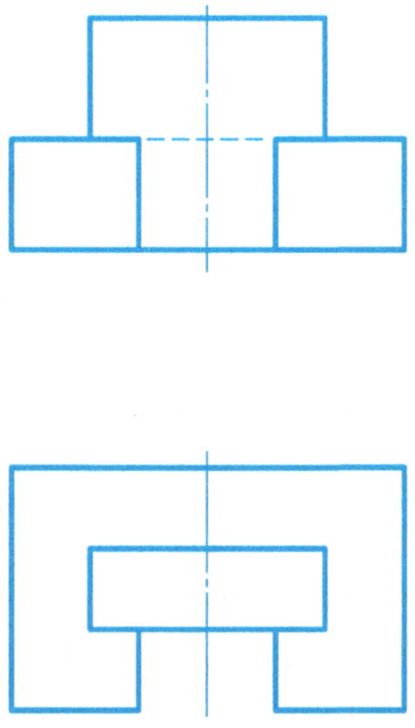

2. 选用合适的轴测图表达物体。

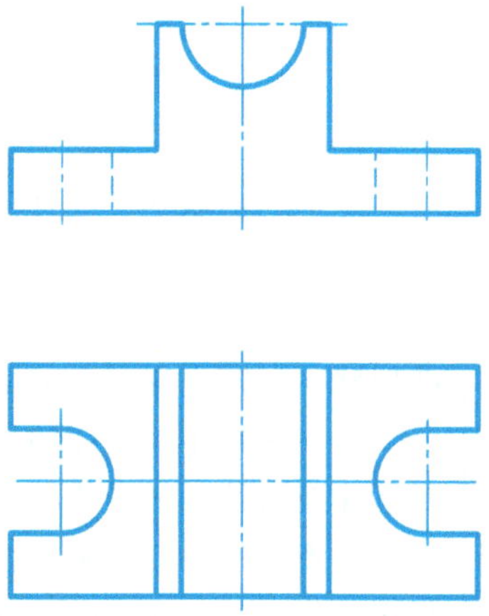

3. 选用合适的轴测图表达物体。

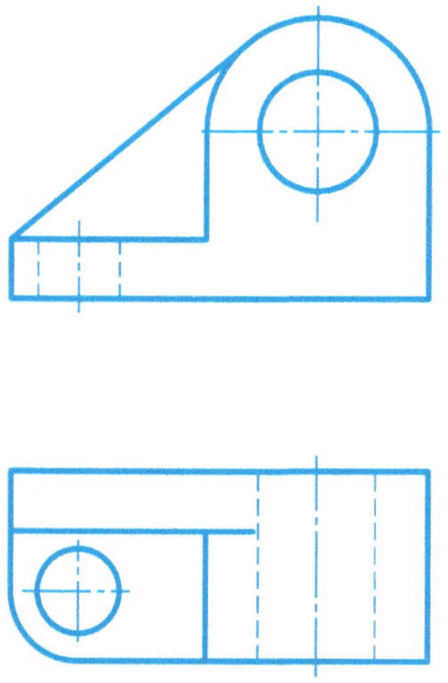

4. 选用合适的轴测图表达物体并画出俯视图。

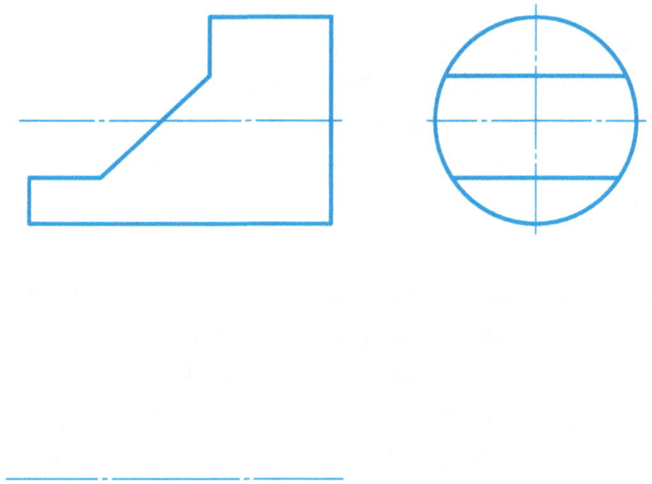

5. 选用合适的轴测图表达物体。

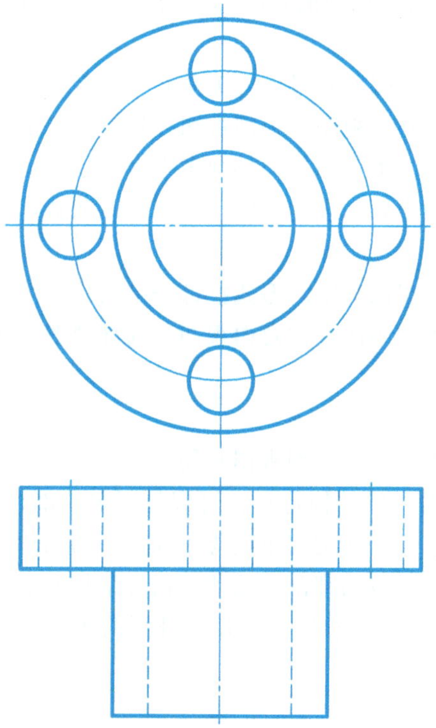

第 6 章 机件常用的表达方法

复习及作业指导	班级	姓名	学号	36

工程图样是工程界的语言，工程技术人员应严格按照国家标准规定绘制和阅读工程图样。国家标准中规定了机件的各种表达方法，包括视图、剖视图、断面图、局部放大图及简化表示法等。本章讲述了关于视图、剖视图、断面图以及其他表达方法的有关规定。由于对机件进行表达的各种方法都有其特点和适用范围，要注意合理选用。对于不同结构形状的机件，确定表达方案的原则是：选用适当的表达方法和适量的图形，在正确、完整、清晰地表达机件结构形状的前提下，力求看图容易、绘图简单。在学习过程中，要注意培养分析不同机件表达方案的能力，并通过做作业扎扎实实掌握所学知识和技能，提高工程素质，为后续课程的学习及实际工作打下坚实基础。

1. 视图

视图用于表达机件的外部结构，包括：基本视图、向视图、局部视图、斜视图。

1）基本视图：将机件向基本投影面投射得到的投影称为基本视图。各基本视图应按照国家标准规定配置图形，不用对各视图进行标注。

2）向视图：如果基本视图不能按照基本视图配置，可以自由配置视图而画成向视图。向视图要在视图上方标出用大写拉丁字母“×”表示的视图名称，并在相应的视图附近用箭头指明投射方向，注上同样的大写拉丁字母“×”。

3）局部视图：将机件的某一部分向基本投影面投射所得到的视图，称为局部视图。当机件的某一局部形状没有表达清楚，而又没有必要用一完整基本视图表达时，可采用局部视图表达，使作图简便，重点突出。

4）斜视图：机件向不平行于任何基本投影面的平面投射所得到的视图称为斜视图。采用斜视图的主要目的是反映倾斜部分的形状特征并简化作图。

对任何机件的表达，都需要由主视图表达各个组成部分之间的相对位置关系并尽量多地反映各个组成部分的形状特征。在主视图的基础上，再分析需要哪些基本视图、局部视图或斜视图，把尚未表达清楚的内容表达出来，使每个图形都有自己的表达重点。基本视图、局部视图也可以根据情况画成向视图。表达机件的视图中都至少要有一个基本视图，作为主要的表达手段，局部视图和斜视图表达部分结构，作为辅助的表达手段。

注意：局部视图和斜视图表达的都是部分结构，都是假想以打断的形式把部分结构从整体中分离出来，并用波浪线表示断裂边界，要注意体会波浪线的位置和画法；注意向视图、局部视图、斜视图的标注方法。

2. 剖视图

根据假想剖切掉实体的范围的不同，剖视图可分为全剖视图，半剖视图和局部剖视图。

当机件有重要的内部结构或内部结构比较复杂时，根据内外结构特点，可假想用单一剖切平面、几个相交的剖切平面、几个平行的构成阶梯状的剖切平面、组合的剖切平面等不同形式的剖切平面进行剖切，从而画成全剖视图表达机件内部结构、画成半剖视图或局部剖视图兼顾内外结构的表达。

1）全剖视图：是假想用剖切平面完全地剖开机件所得到的剖视图，适用于外形简单、内部结构需要着重表达的机件。

2）半剖视图：当机件具有对称平面时，向垂直于对称平面的投影面上投射所得的图形具有对称性，如果对称中心线不与机件轮廓线的投影重合，可以以对称中心线为界，一半画成视图用于表达外部结构形状，另一半画成剖视图用于表达内部结构形状，这样的剖视图称为半剖视图。能兼顾内、外形状的表达，适合内外都需要表达的对称结构。注意：半剖视图的外形部分和剖视部分的分界线仍要画成细点画线。

3）局部剖视图：是假想用剖切平面局部地剖开机件所得到的剖视图。适用于既需要表达其内部形状，又需要保留其局部外形的不对称的机件，或图形的对称中心线正好与机件轮廓线的投影重合而不宜采用半剖视图的对称机件。注意：根据结构表达需求确定断裂边界并用波浪线表示，绘制时请注意波浪线的画法。

注意：用投影面垂直面剖切、相交的剖切平面剖切、平行的剖切平面构成阶梯状剖切得到的剖视图必须进行剖视图的标注；采用相交的剖切平面剖切绘制剖视图时，与投影面不平行的剖切平面剖切产生的结构要先旋转到与投影面平行后再投影；几个剖切平面剖切时，剖切平面的交线及构成的台阶的投影不画。

能力要求：能够按照要求正确绘制剖视图；能够根据机件结构特点选择适合的视图、剖视图把机件表达清楚。

3. 断面图

假想用剖切平面将机件某处剖开，断面上的图形称为断面图，常用来表示机件上肋板、轮辐、轴上键槽和孔等结构的断面形状，作图简单且重点突出。

根据断面图布置位置的不同，断面图分为移出断面图和重合断面图。

1）移出断面图是画在视图外面的断面图，轮廓线用粗实线绘制，应尽量配置在剖切符号或剖切线（用细点画线表示）的延长线上；重合断面图是画在视图内的断面图，轮廓线用细实线绘制。

2）两个特殊情况：①当剖切平面通过回转面形成的孔或凹坑轴线时，这些结构的断面图按剖视图绘制；②当剖切平面通过非圆孔，会导致出现完全分离的断面时，这些结构的断面图按剖视图绘制。

3）断面图也需要标注：移出断面图用剖切符号表示剖切位置和投影方向，注上字母，并在断面图上方用同样的字母标出相应的名称“×—×”。配置在剖切线或剖切符号延长线上的移出断面图，可省略字母。对称移出断面图以及按投影关系配置的移出断面图可省略箭头。配置在剖切线延长线上的对称移出断面图，以及配置在视图中断处的移出断面图不需标注。对称的重合断面图不需标注，不对称的重合断面图不必标注字母，但仍要在剖切符号处画上箭头，以表明投射方向。

4. 其他表达方法

机件上的细小结构可采用局部放大图进行表达；绘制剖视图时机件上的肋板、轮辐等结构纵切要按照国家标准规定绘制；在结构形状表达清楚的前提下，为简化作图，方便看图，可采用国家标准规定的简化画法。

例 6-1：分析支架结构及当前表达方式上的不足，采用合适的视图重新表达。

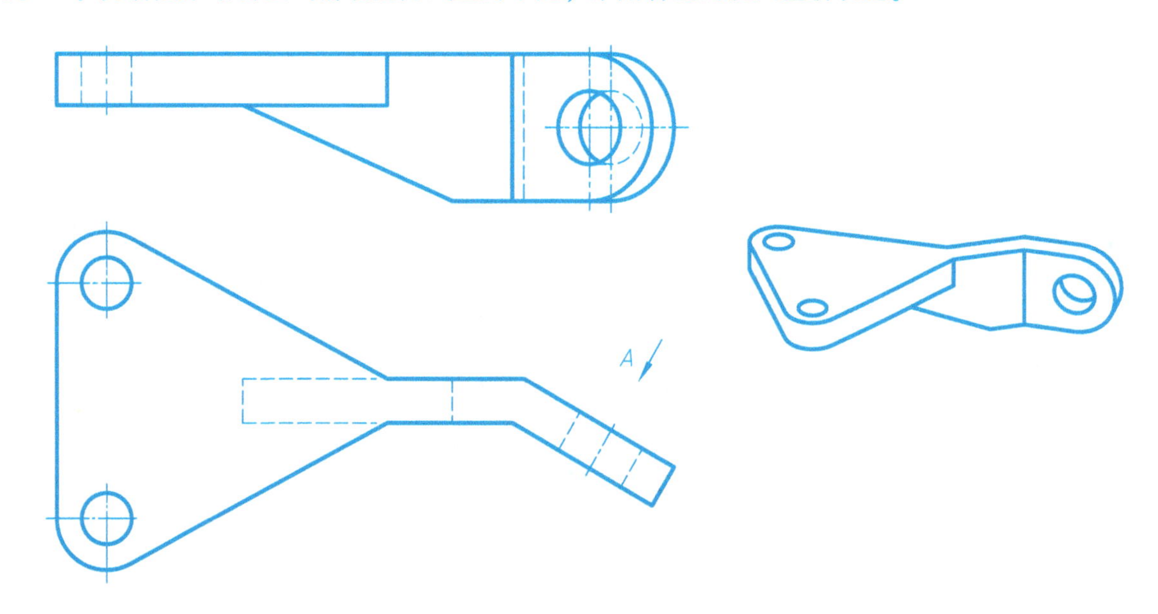

分析：对该支架用主、俯两个视图进行了表达，由图可见，支架由左、中、右三个主要部分构成，见右侧立体图。该支架左侧为带有两个圆柱孔的三角形薄板，由俯视图反映形状特征；中间为梯形薄板，由主视图反映形状特征；右侧 U 形斜薄板倾斜于正立投影面，不仅不能反映出形状特征，还使主视图绘制困难。右侧斜板适合通过斜视图来反映该部分的形状特征（见下图 *A*）。采用斜视图后，不仅使图形重点突出，而且可将主视图由完整视图改为局部视图，从而大幅降低绘图难度。

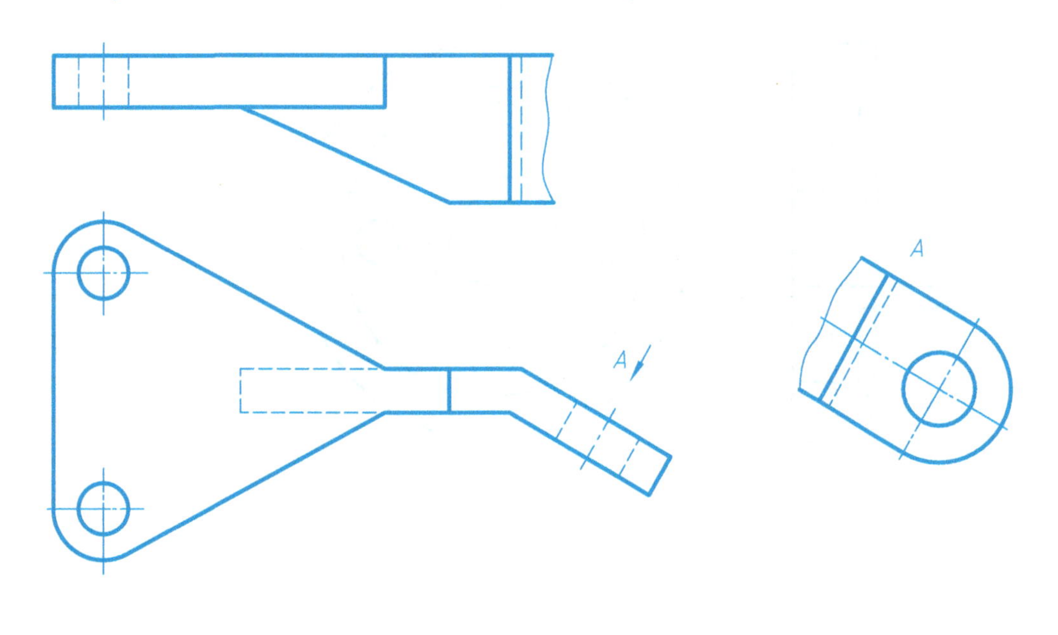

1. 补画右视图。

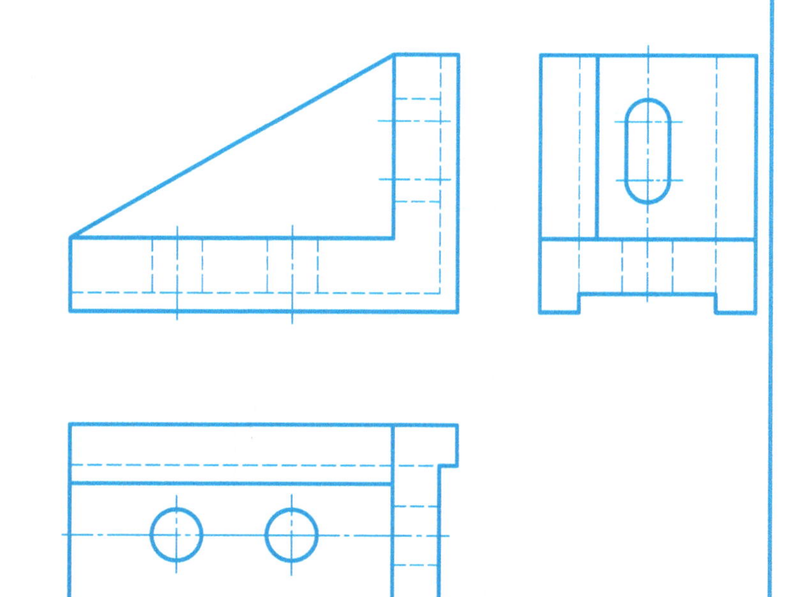

2. 画出 *A* 向斜视图和 *B* 向局部视图。

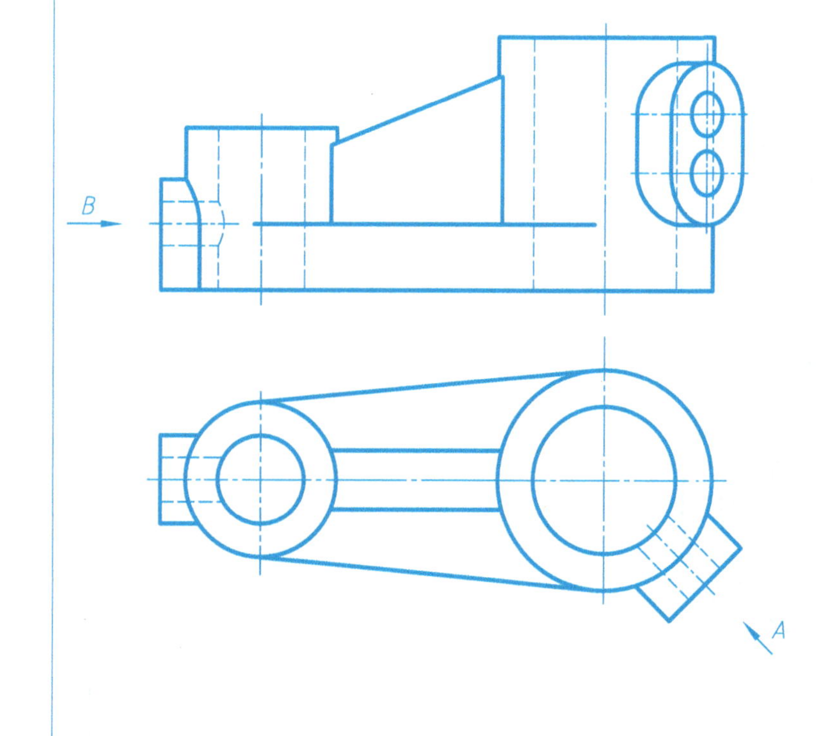

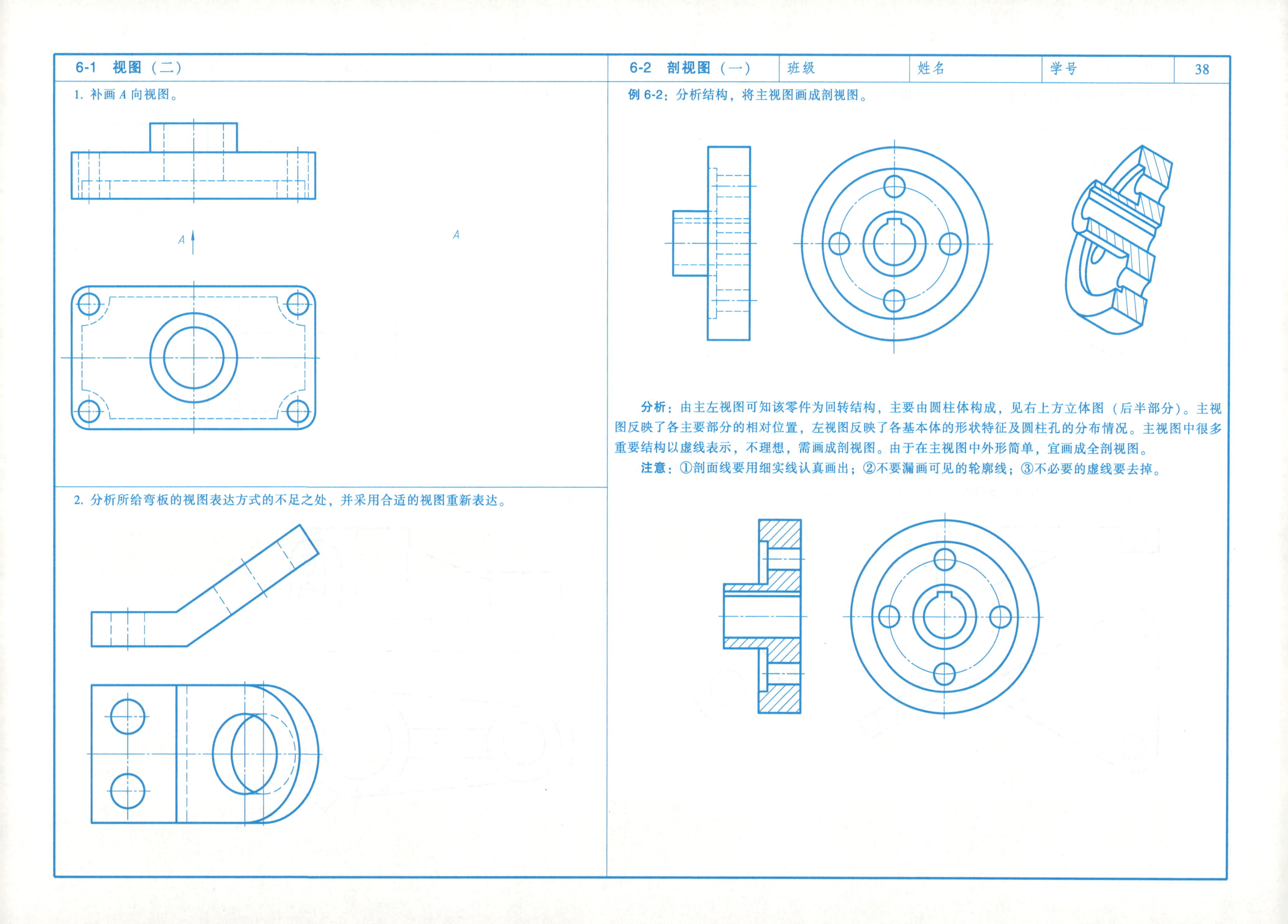
6-1 视图（二）
1. 补画A向视图。
A
A
2. 分析所给弯板的视图表达方式的不足之处，并采用合适的视图重新表达。
6-2 剖视图（一）
班级
姓名
学号
38
例 6-2：分析结构，将主视图画成剖视图。
分析：由主左视图可知该零件为回转结构，主要由圆柱体构成，见右上方立体图（后半部分）。主视图反映了各主要部分的相对位置，左视图反映了各基本体的形状特征及圆柱孔的分布情况。主视图中很多重要结构以虚线表示，不理想，需画成剖视图。由于在主视图中外形简单，宜画成全剖视图。
注意：①剖面线要用细实线认真画出；②不要漏画可见的轮廓线；③不必要的虚线要去掉。

1. 补画图中所漏画的图线。

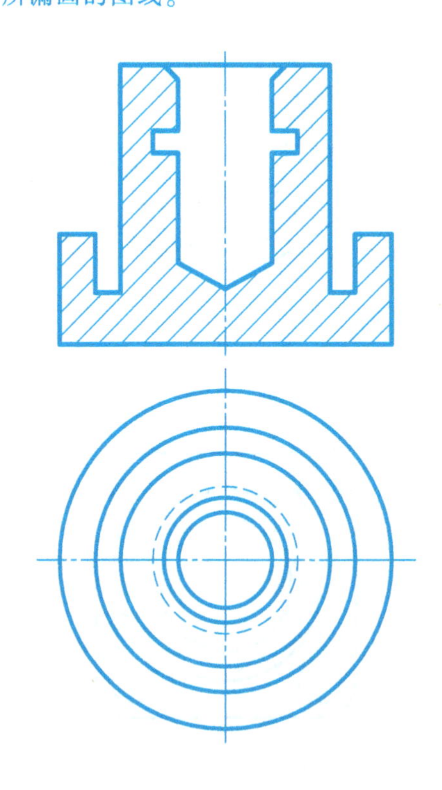

2. 在指定位置将主视图和左视图画成全剖视图。

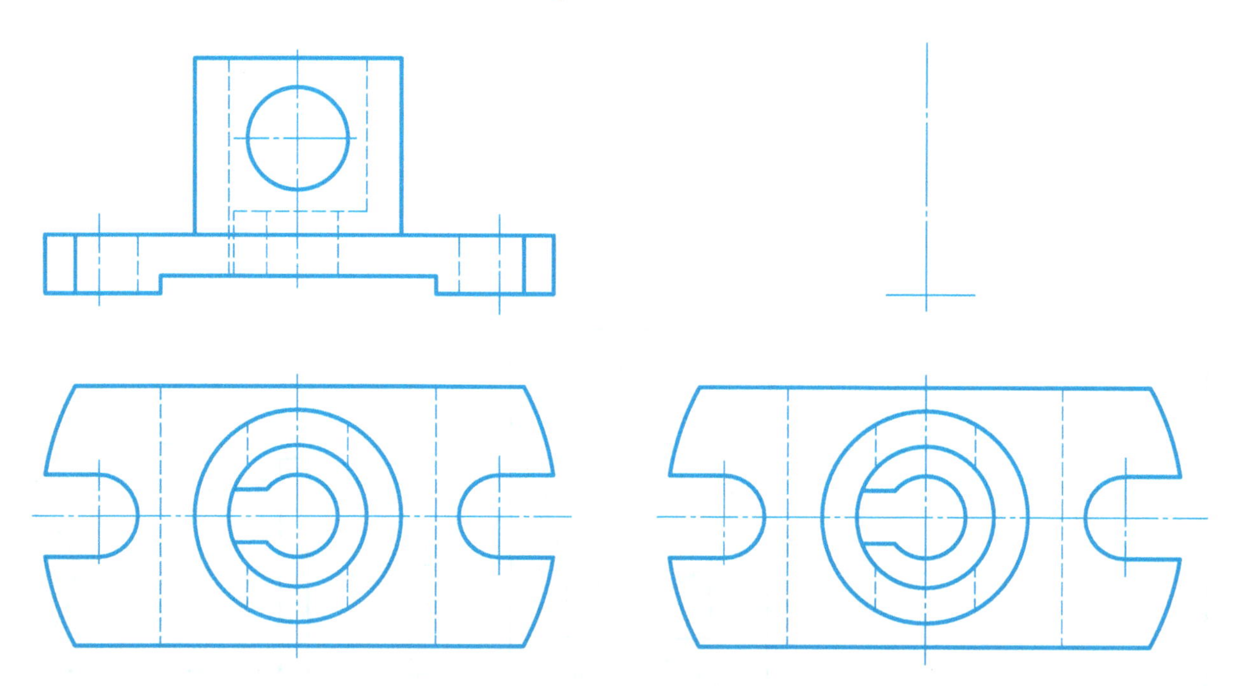

3. 分析剖视图中的错误，在指定位置画出正确的剖视图。

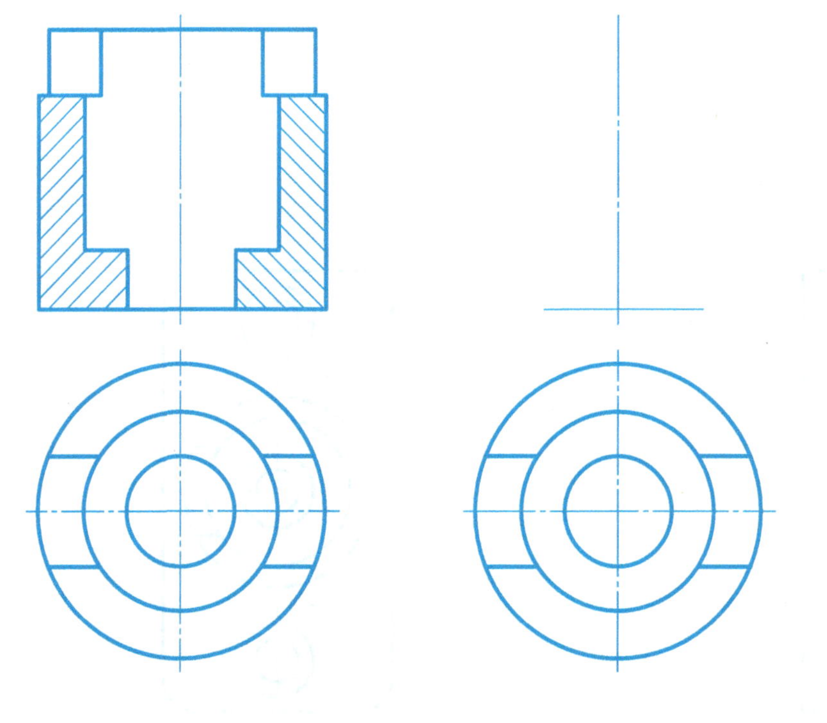

4. 画出主视图并作全剖视图。

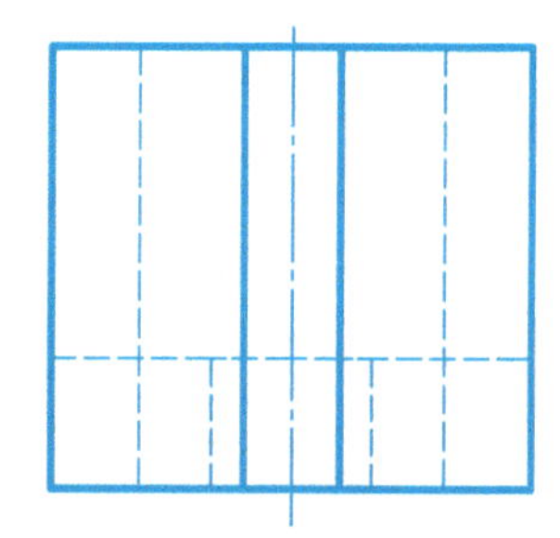

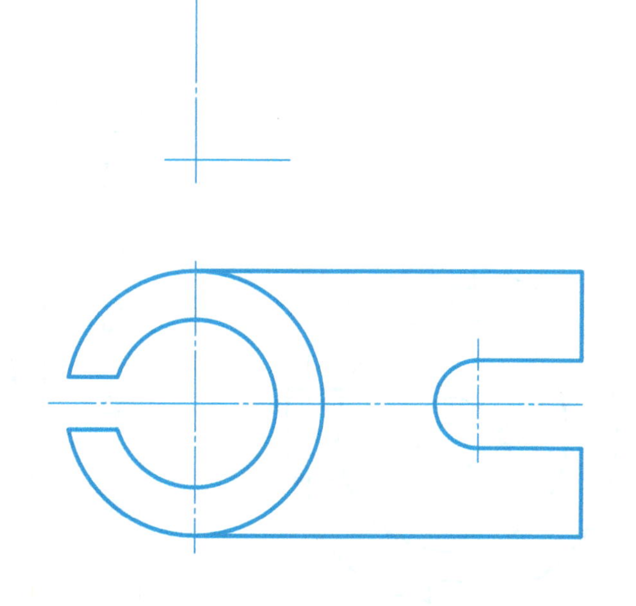

1. 在指定位置将主视图画成半剖视图，左视图画成全剖视图。
2. 在指定位置将主视图画成全剖视图，左视图画成半剖视图。
3. 在指定位置将主视图画成半剖视图，左视图画成全剖视图。
4. 在指定位置画出 C—C 全剖视图。
C
C—C
B
B
A
A
C
A—A
B—B

1. 在指定位置将主视图画成全剖视图。

2. 在指定位置画出半剖的主视图和全剖的左视图。

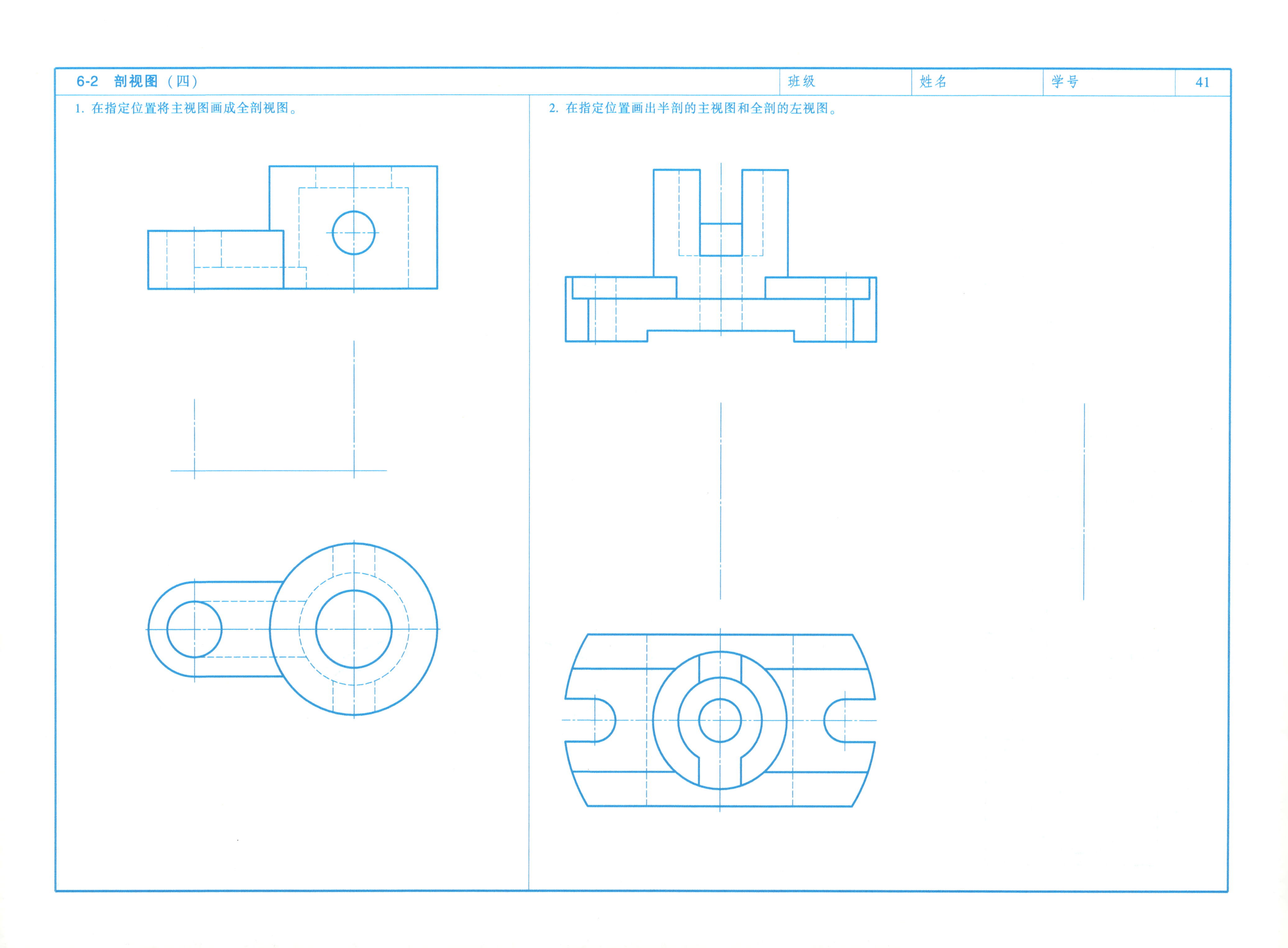

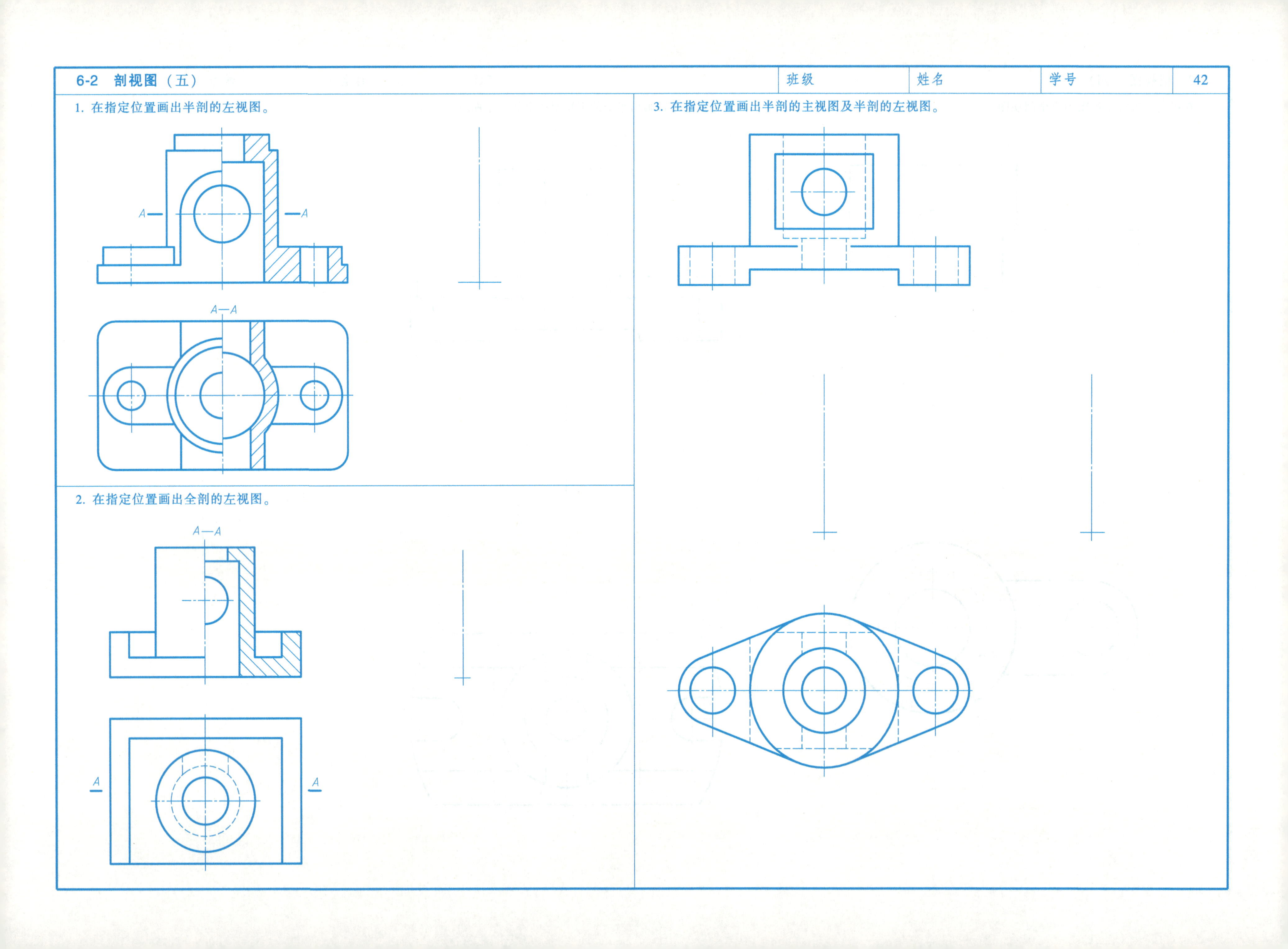
6-2 剖视图（五）
班级
姓名
学号
42
1. 在指定位置画出半剖的左视图。
A
A
A—A
2. 在指定位置画出全剖的左视图。
A—A
A
A
3. 在指定位置画出半剖的主视图及半剖的左视图。

1. 在指定位置将主、俯视图画成局部剖视图。

（1）

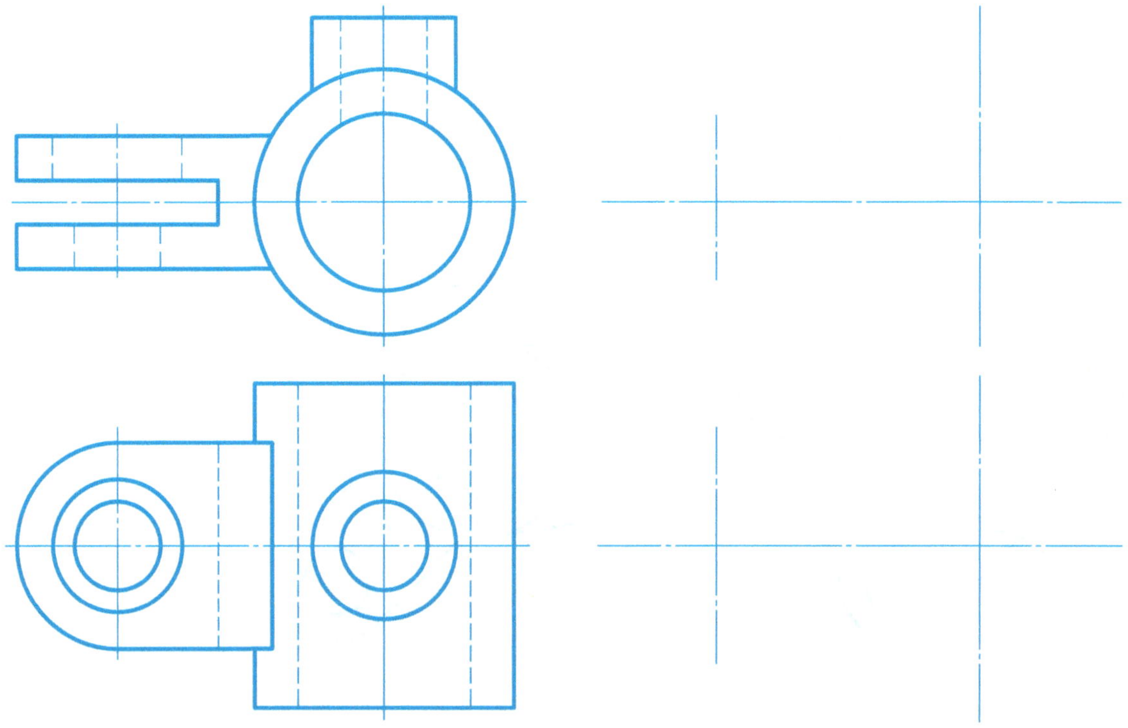

（2）

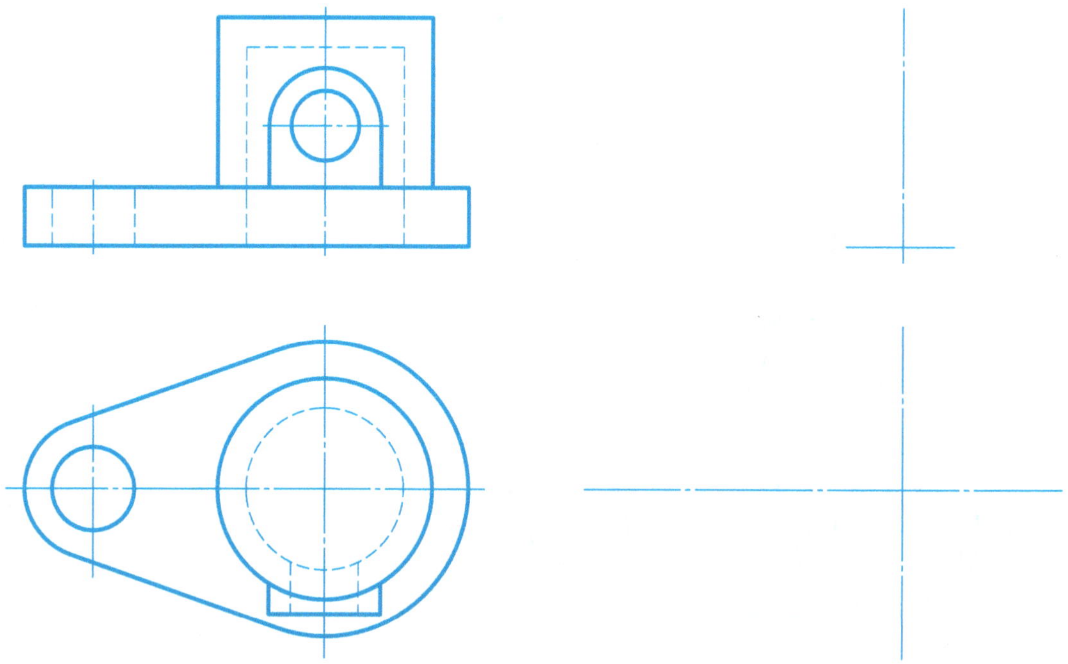

2. 分析下列立体局部剖视图的正误，将结果填写在图下方的横线上（正确/错误）。

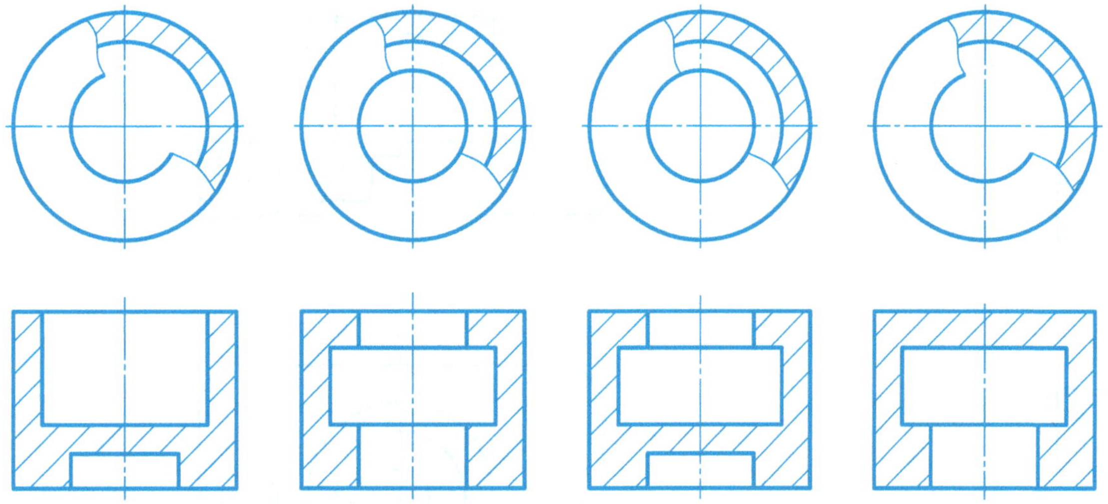

1）______ 2）______ 3）______ 4）______

3. 在指定位置将主视图画成局部剖视图。

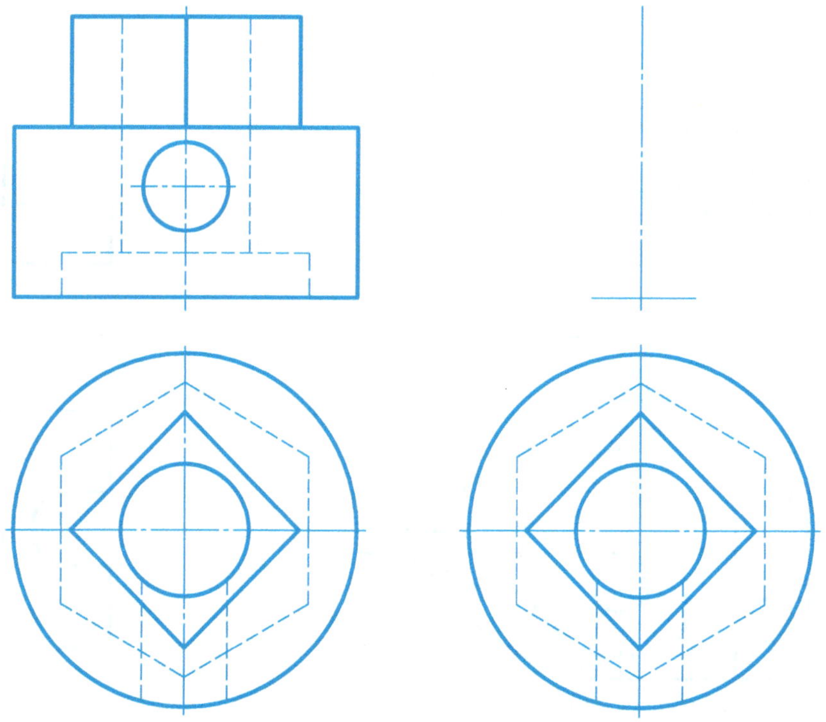

1. 用单一的投影面垂直面进行剖切，作 *B—B* 全剖视图。

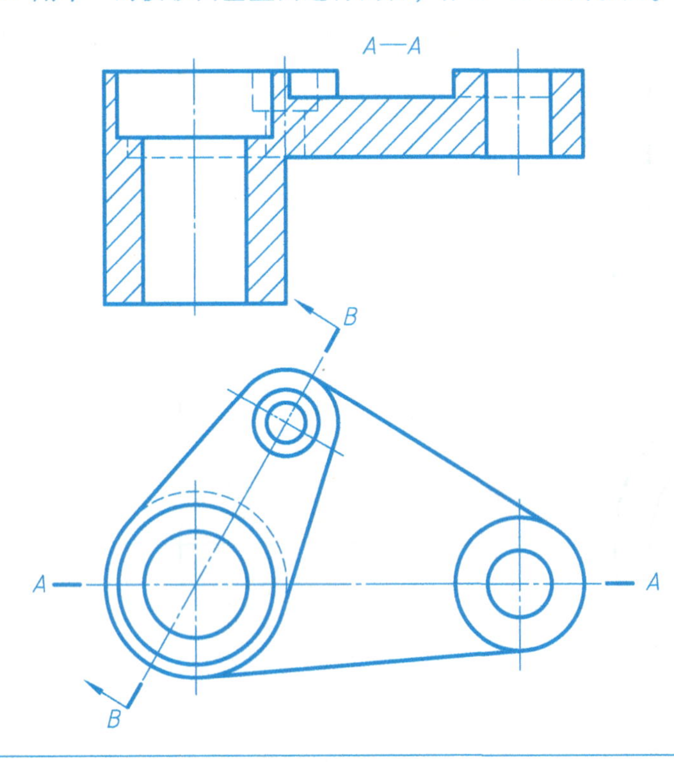

2. 在指定位置将主视图画成用相交的剖切平面进行剖切的剖视图。

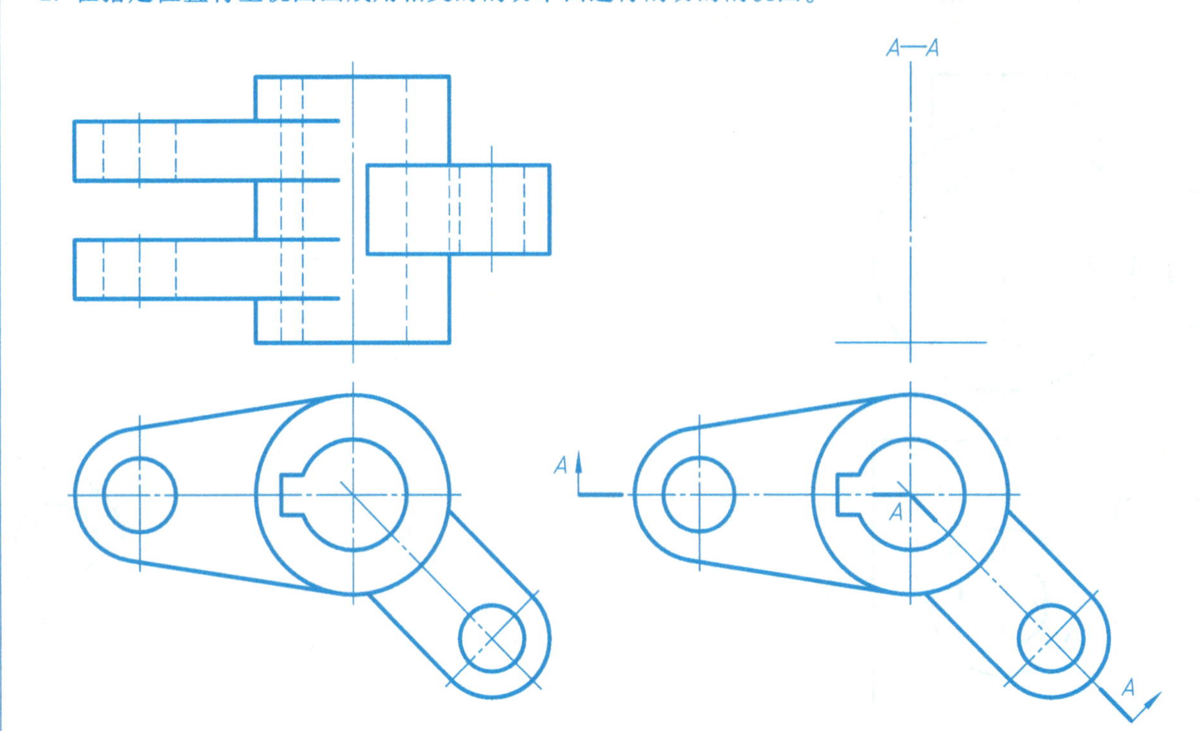

3. 读图并标注机件尺寸（尺寸数值按 1∶1 的比例从图中量取并取整数）。

示例：

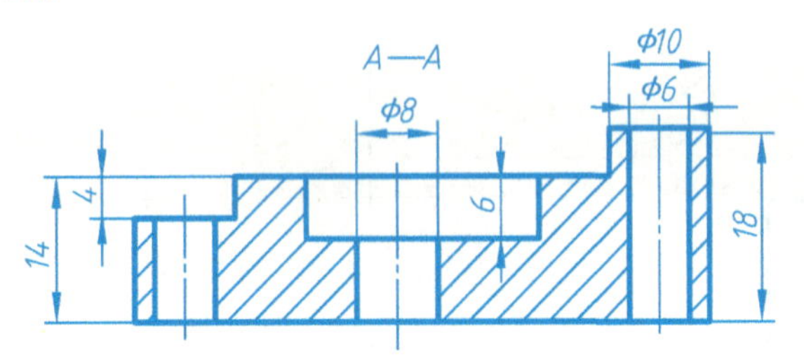

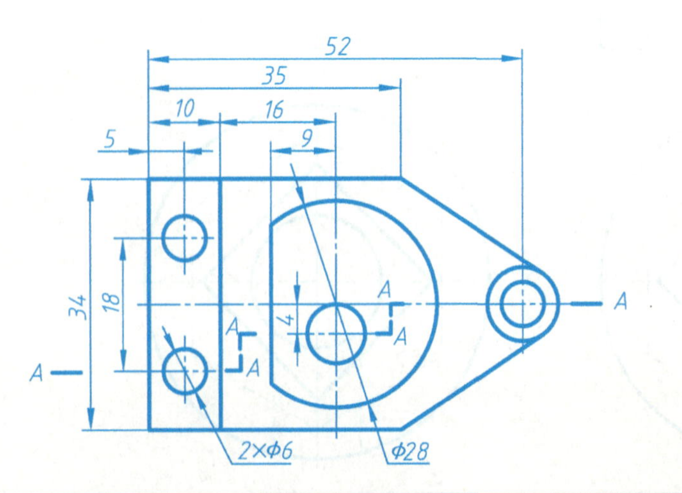

（1）

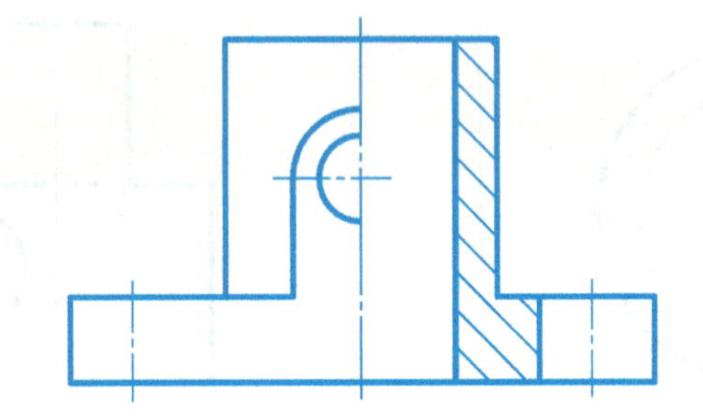

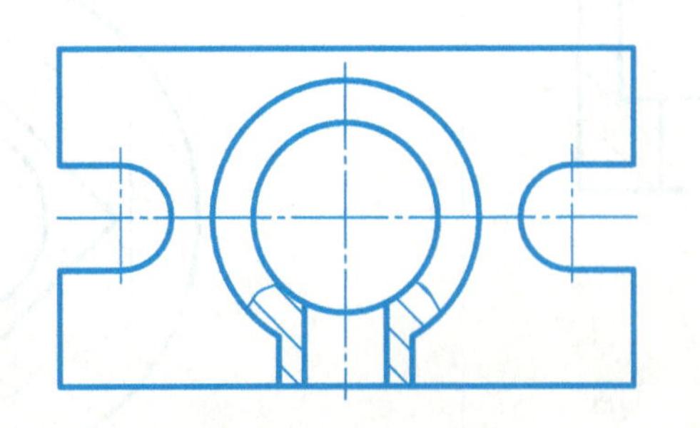

（2）

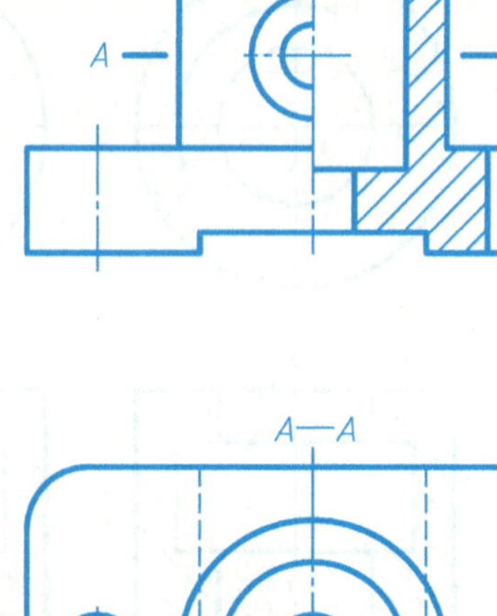

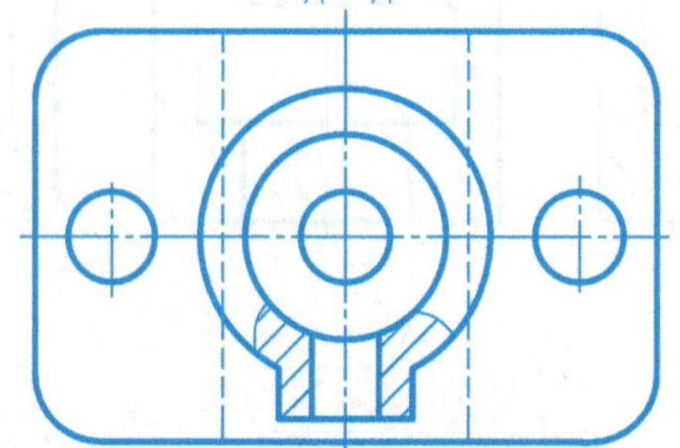

1. 画出轴在指定位置的断面图（左端键槽深度 5mm，右端键槽深度 4mm）。

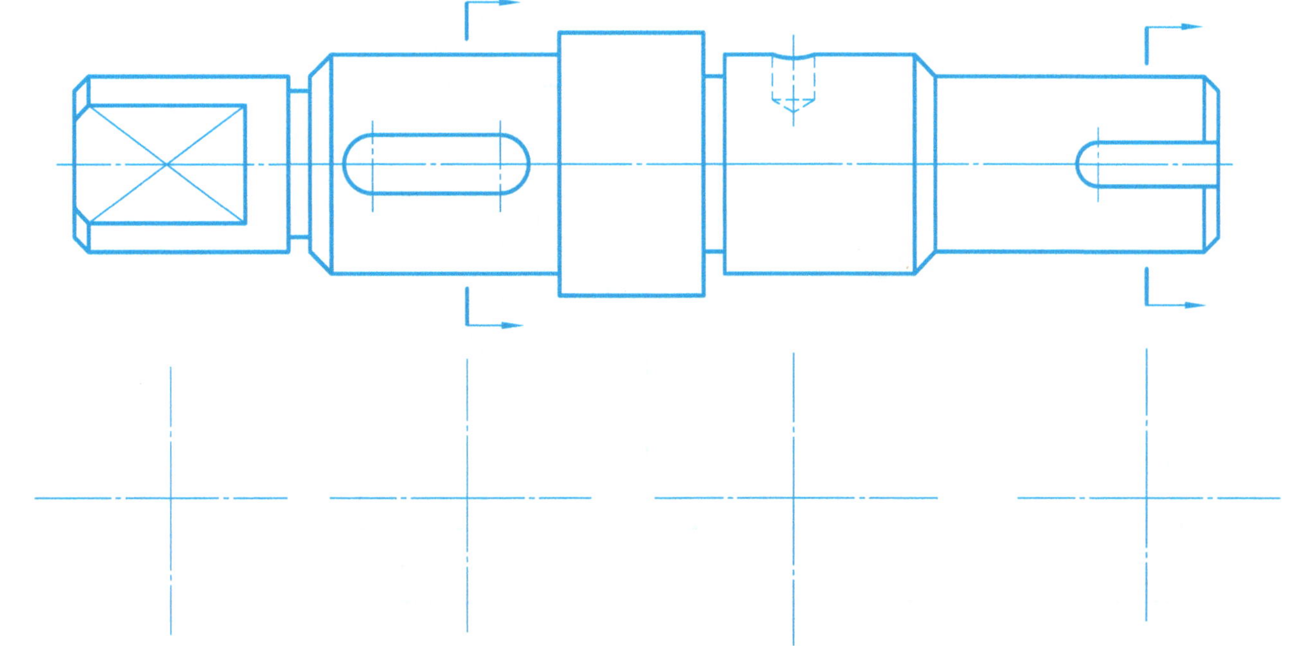

2. 作机件全剖的主视图和半剖的左视图并作出三角形肋板的移出断面图。

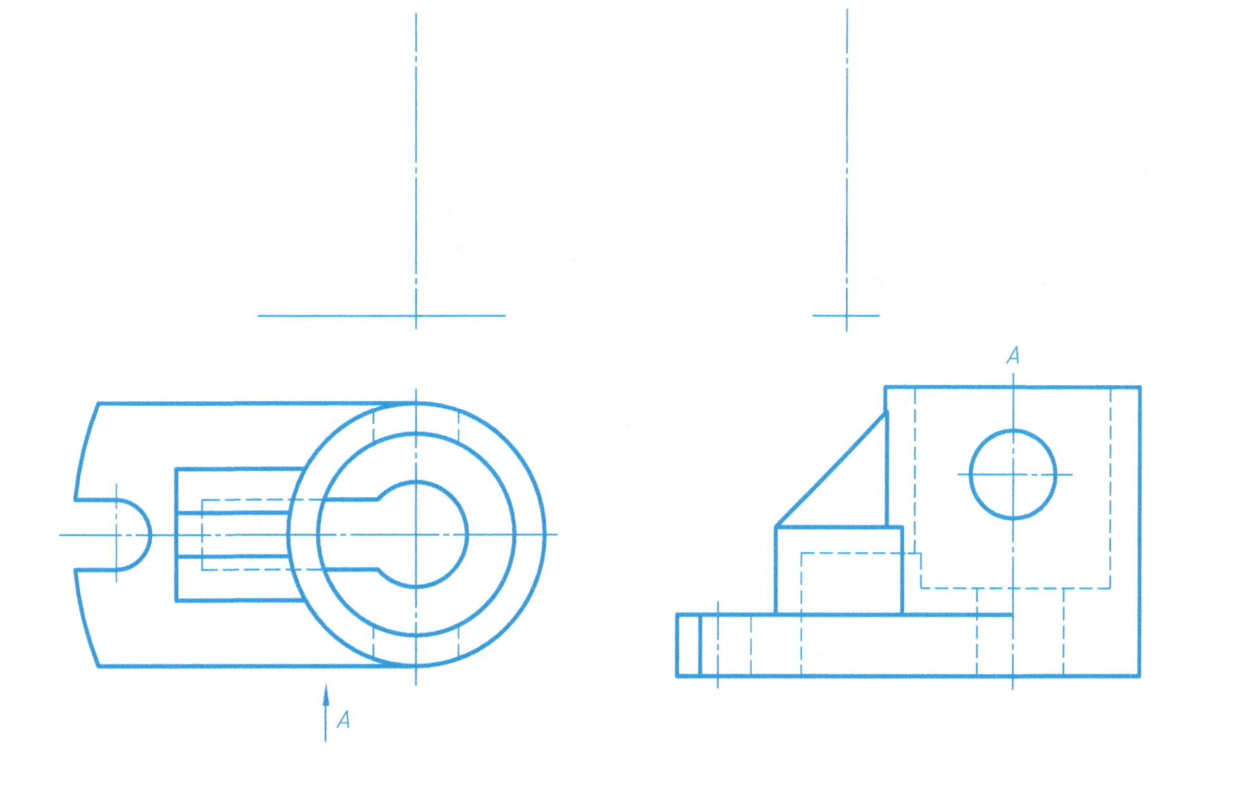

3. 作肋板指定位置的移出断面图。

(1)

(2)

例 6-3：根据机件的已知视图，采用合适的表达方案，重新绘制其三视图并标注尺寸。

分析：

由主、俯视图（图 a）可知，该机件的主要结构为：长圆形底板右上方与圆柱叠加，内部为圆柱形阶梯孔，圆柱筒前壁带有阶梯孔；长圆形底板左上方与 U 形柱叠加，内部空腔与右侧圆柱孔相通，U 形柱左侧带有方孔，空腔上方有圆柱孔和长孔；底板外缘带有四个阶梯孔和两个小圆柱，右下方有一矩形槽。

总体上看，机件上下、左右均不对称，前后接近对称，有重要的内部结构。

主视图内部结构对应的虚线多，需要改为剖视图。由于右侧有正前方阶梯孔的形状特征需要保留，不能改成全剖视图；又由于主视图不具有对称性，不能采用半剖视图，故只能采用局部剖视图来表达。用单一剖切平面沿前后基本对称的位置剖切（剖切位置见图 b）。

因为左视图内部结构多也会包含许多虚线，故也应画为剖视图。由于左视图中不包含基本体的形状特征，可画成全剖视图。由于左视图还应把底板上的两个圆柱孔表达清楚，故宜采用两个平行于侧立投影面的平行平面进行剖切（剖切位置见图 b）。

俯视图虚线不太多，对于需要表达的部分内部结构可采用局部剖视图进行表达。

重新绘制机件的三视图并标注尺寸如图 b 所示，注意体会波浪线的位置及剖视图的标注。

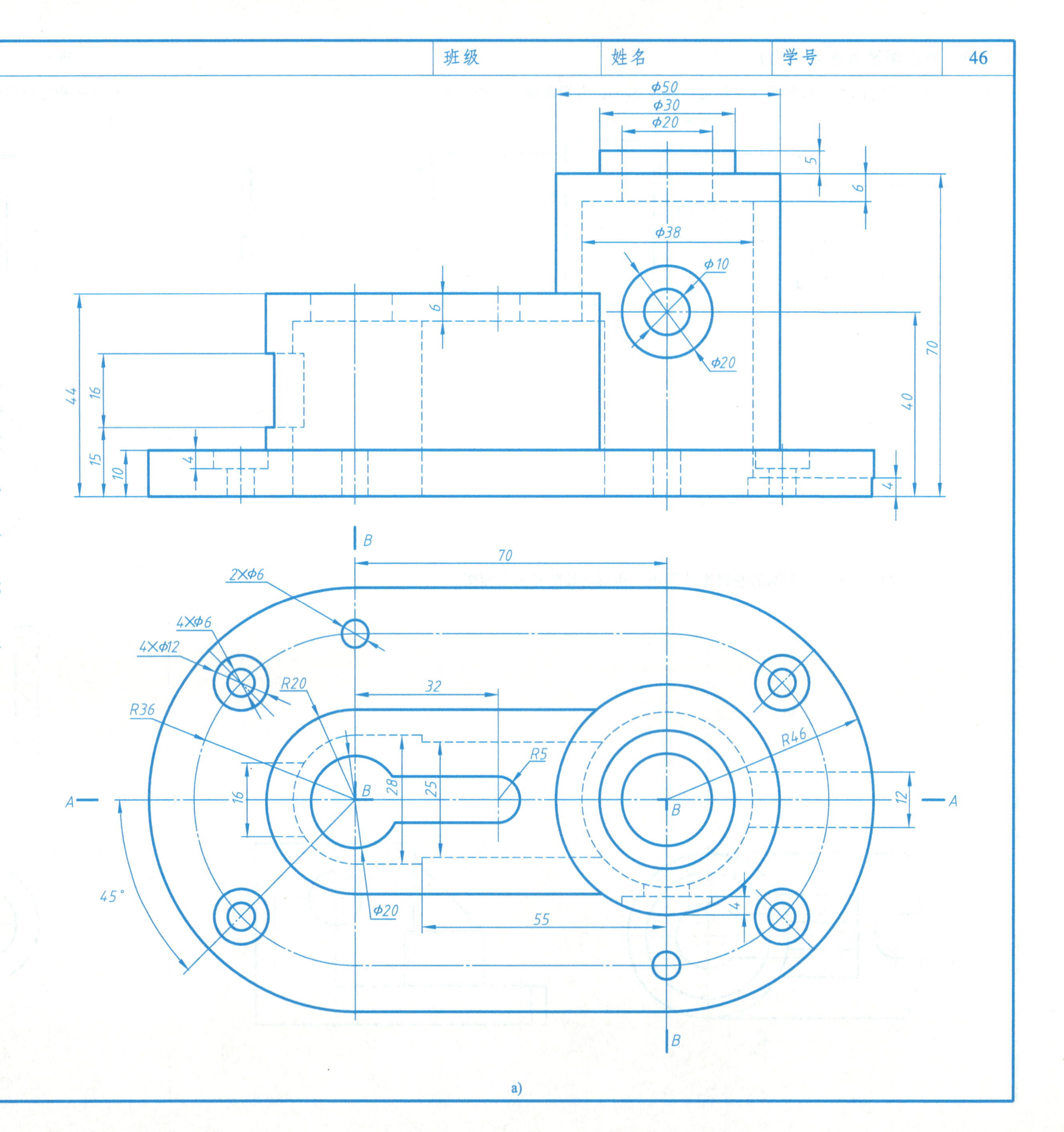

a)

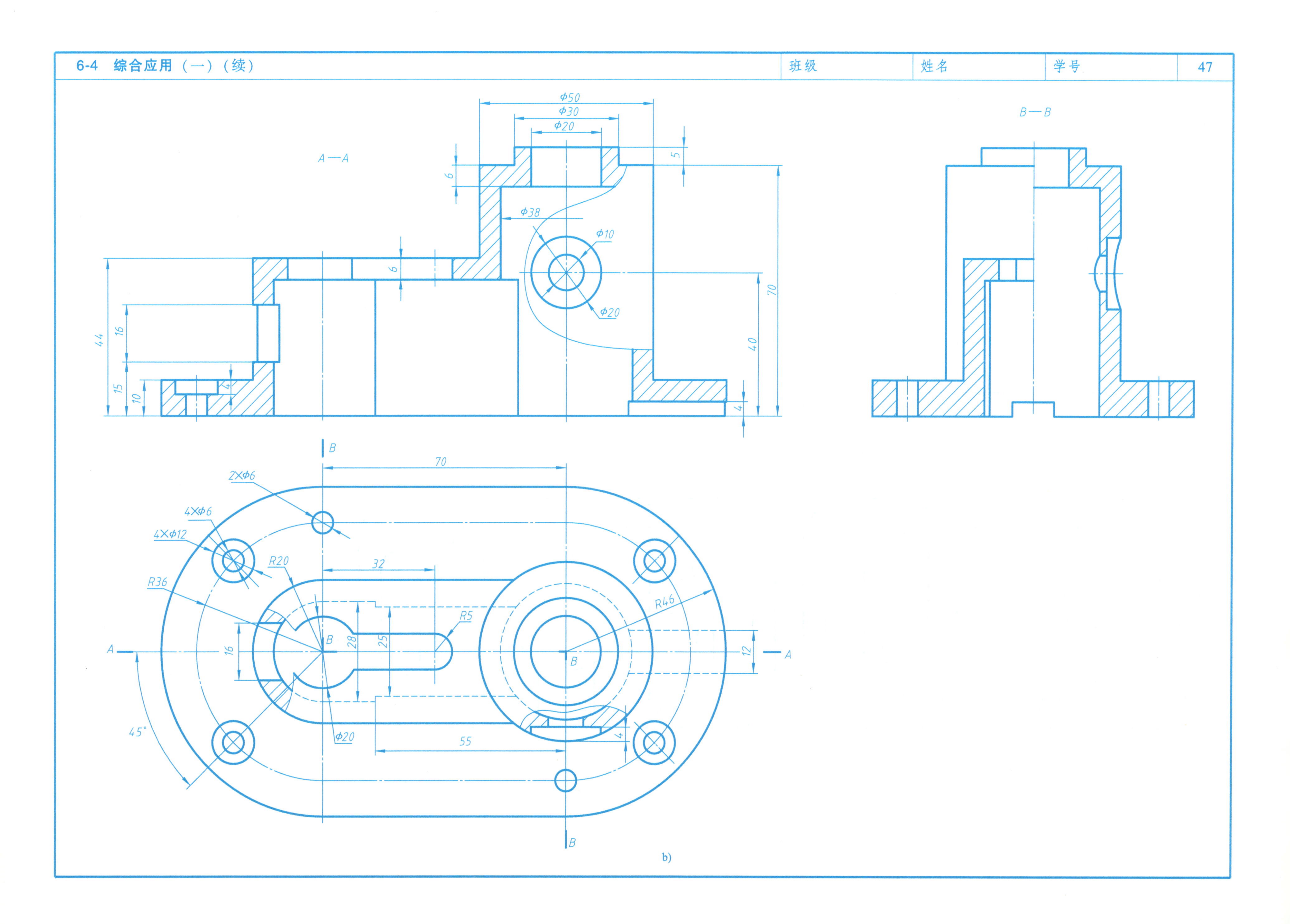
6-4 综合应用（一）（续）
班级
姓名
学号
47
A—A
B—B
Φ50
Φ30
Φ20
5
6
Φ38
Φ10
Φ20
6
70
40
44
16
15
10
4
4
B
70
2×Φ6
4×Φ6
4×Φ12
R20
32
R36
R5
R46
A
16
B
28
25
B
12
A
45°
Φ20
55
4
B
b)

采用适当的剖视方案绘制机件的主视图和左视图。

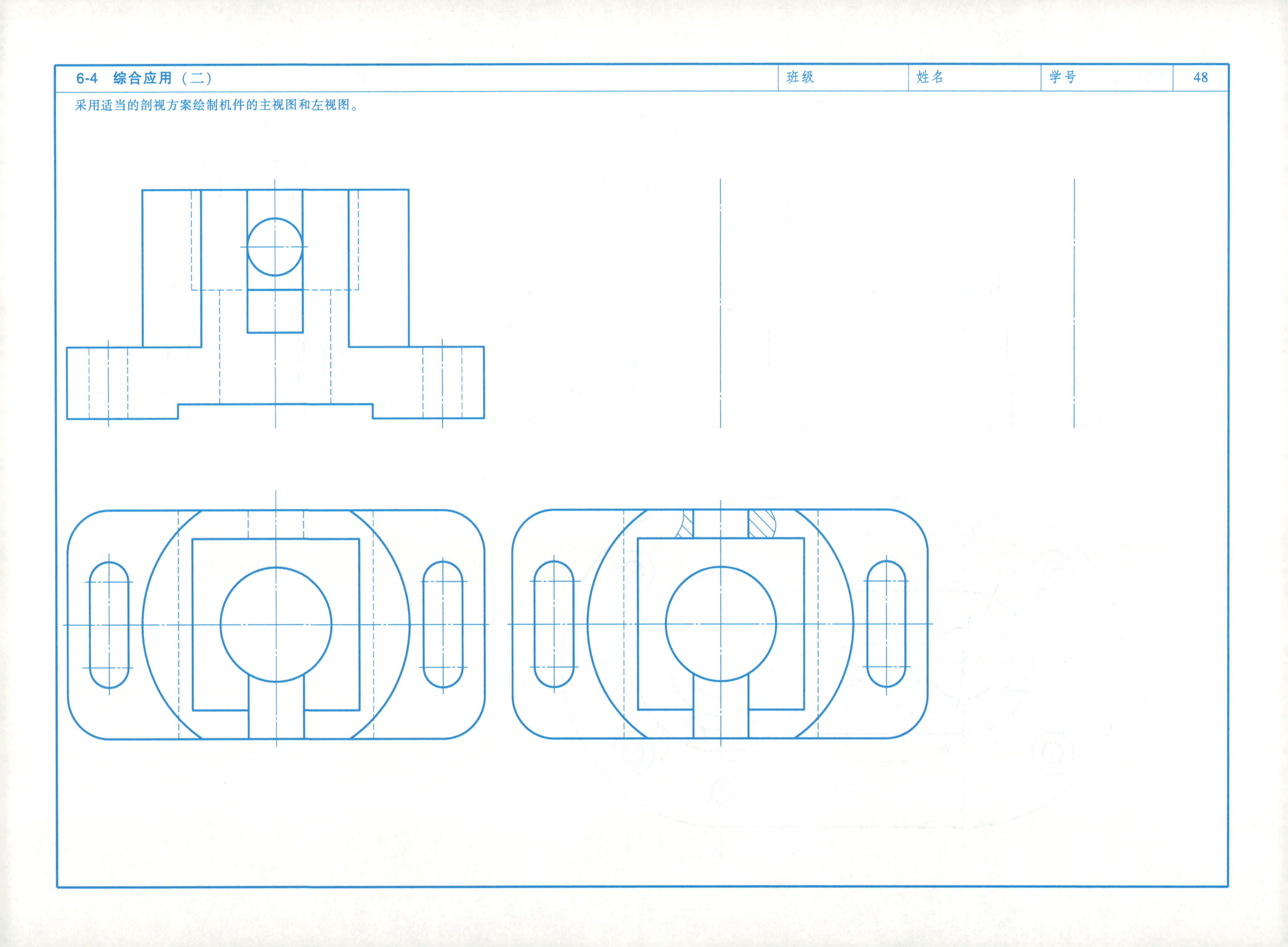

采用适当的方案绘制机件的主视图和左视图。

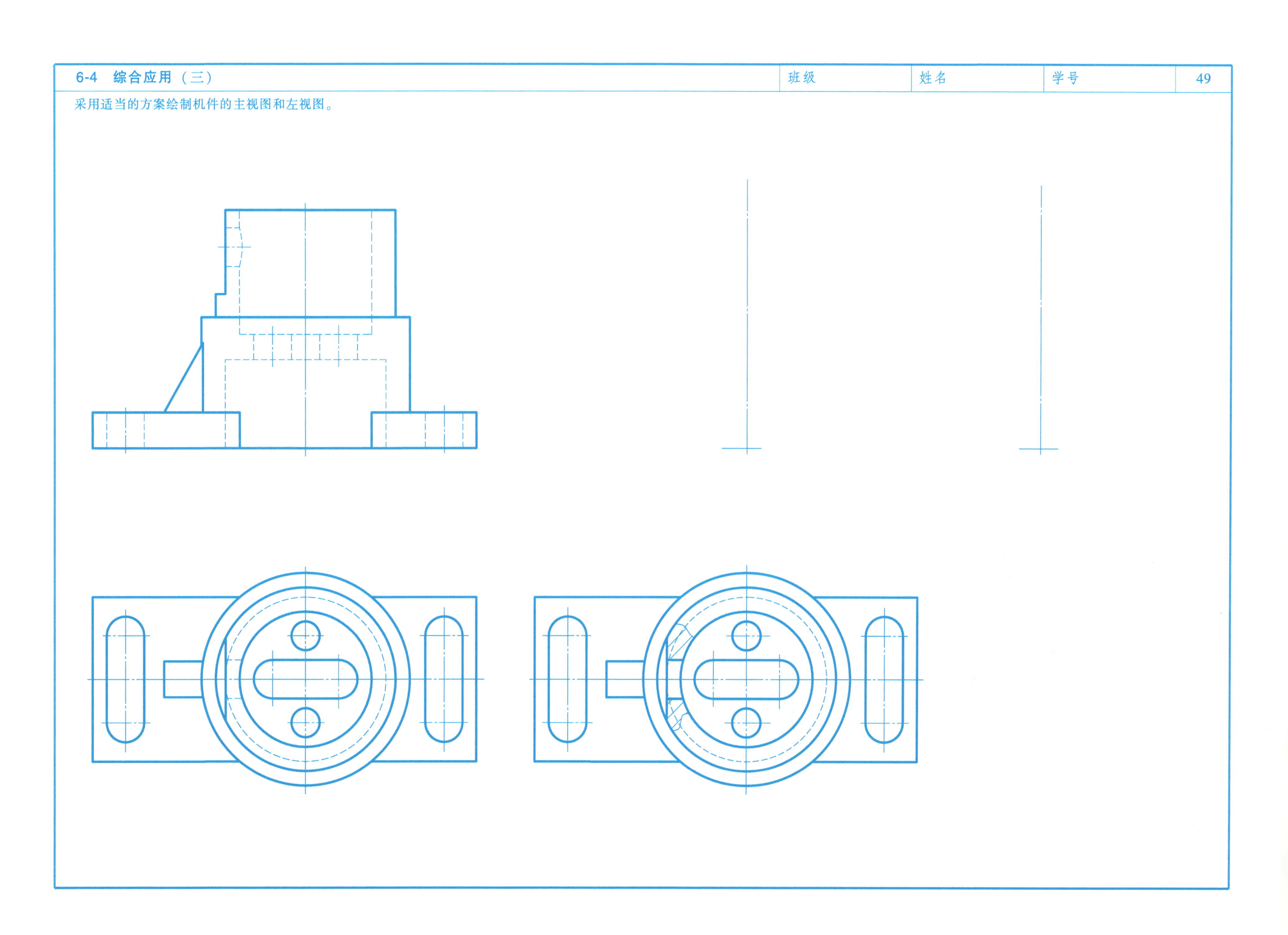

采用适当视图和剖视方法重新表达下面机件。

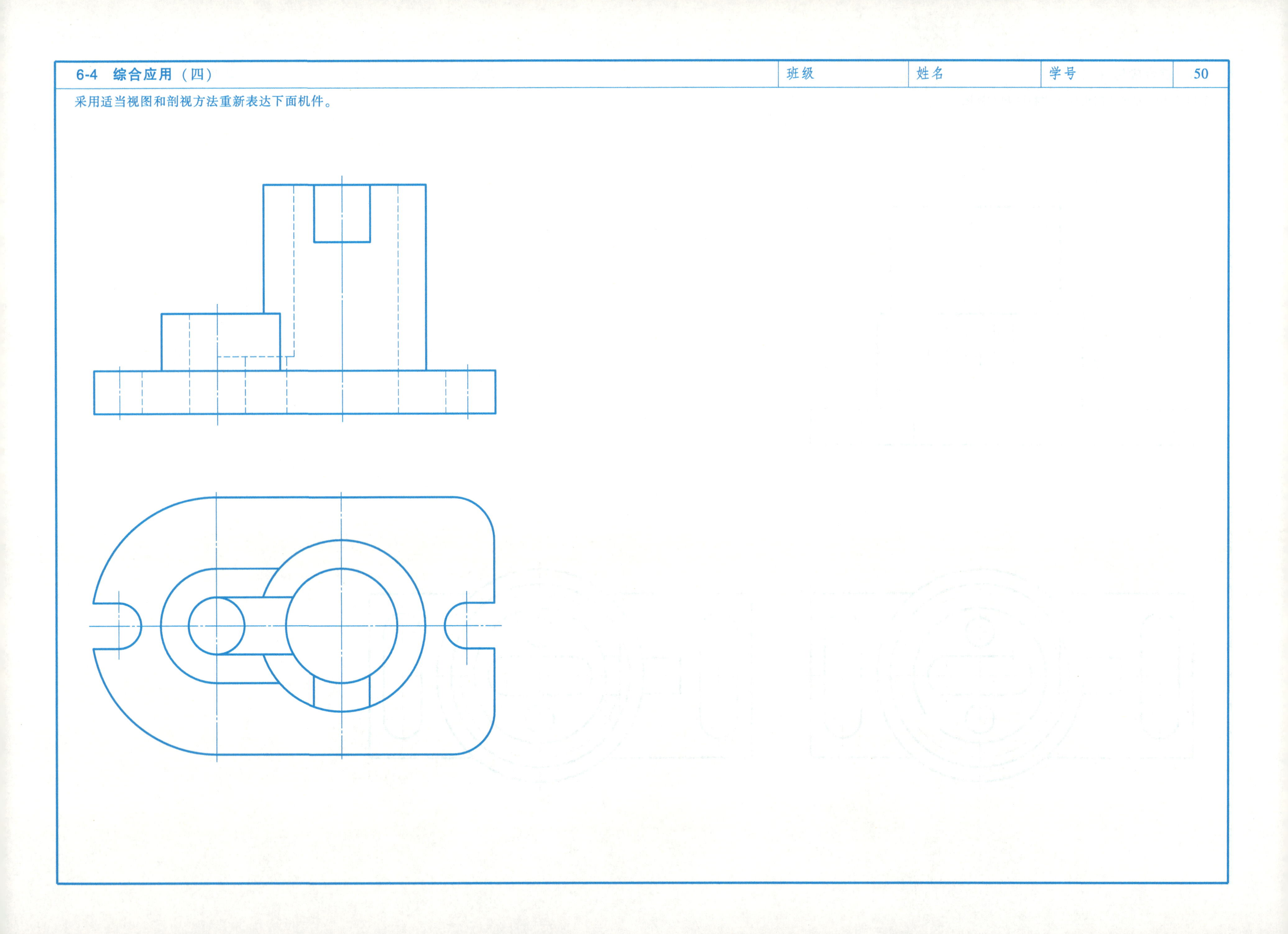

第7章 标准件和常用件

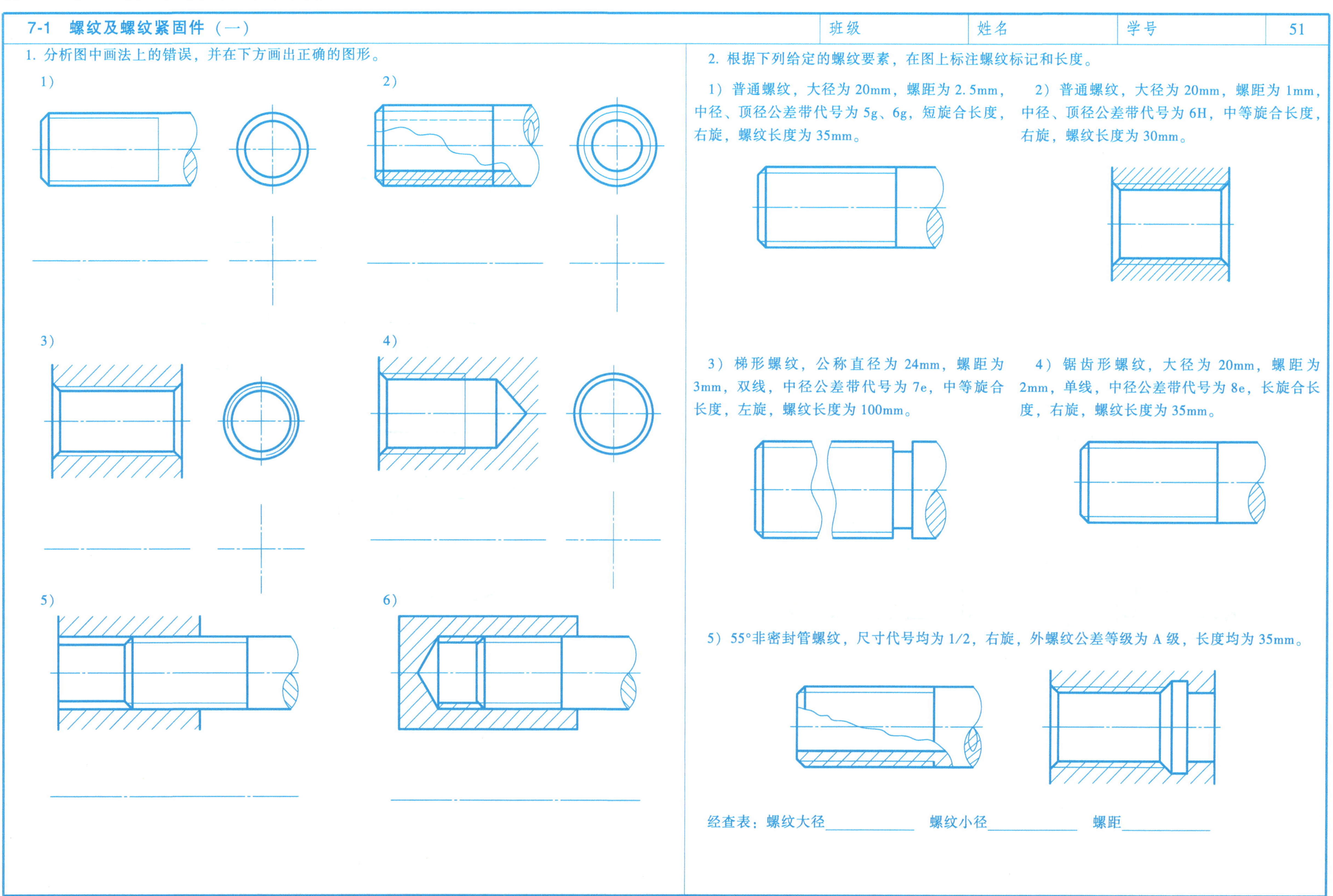

7-1 螺纹及螺纹紧固件（一）
班级
姓名
学号
51
1. 分析图中画法上的错误，并在下方画出正确的图形。
1)
2)
3)
4)
5)
6)
2. 根据下列给定的螺纹要素，在图上标注螺纹标记和长度。
1) 普通螺纹，大径为20mm，螺距为2.5mm，中径、顶径公差带代号为5g、6g，短旋合长度，右旋，螺纹长度为35mm。
2) 普通螺纹，大径为20mm，螺距为1mm，中径、顶径公差带代号为6H，中等旋合长度，右旋，螺纹长度为30mm。
3) 梯形螺纹，公称直径为24mm，螺距为3mm，双线，中径公差带代号为7e，中等旋合长度，左旋，螺纹长度为100mm。
4) 锯齿形螺纹，大径为20mm，螺距为2mm，单线，中径公差带代号为8e，长旋合长度，右旋，螺纹长度为35mm。
5) 55°非密封管螺纹，尺寸代号均为1/2，右旋，外螺纹公差等级为A级，长度均为35mm。
经查表：螺纹大径________ 螺纹小径________ 螺距________

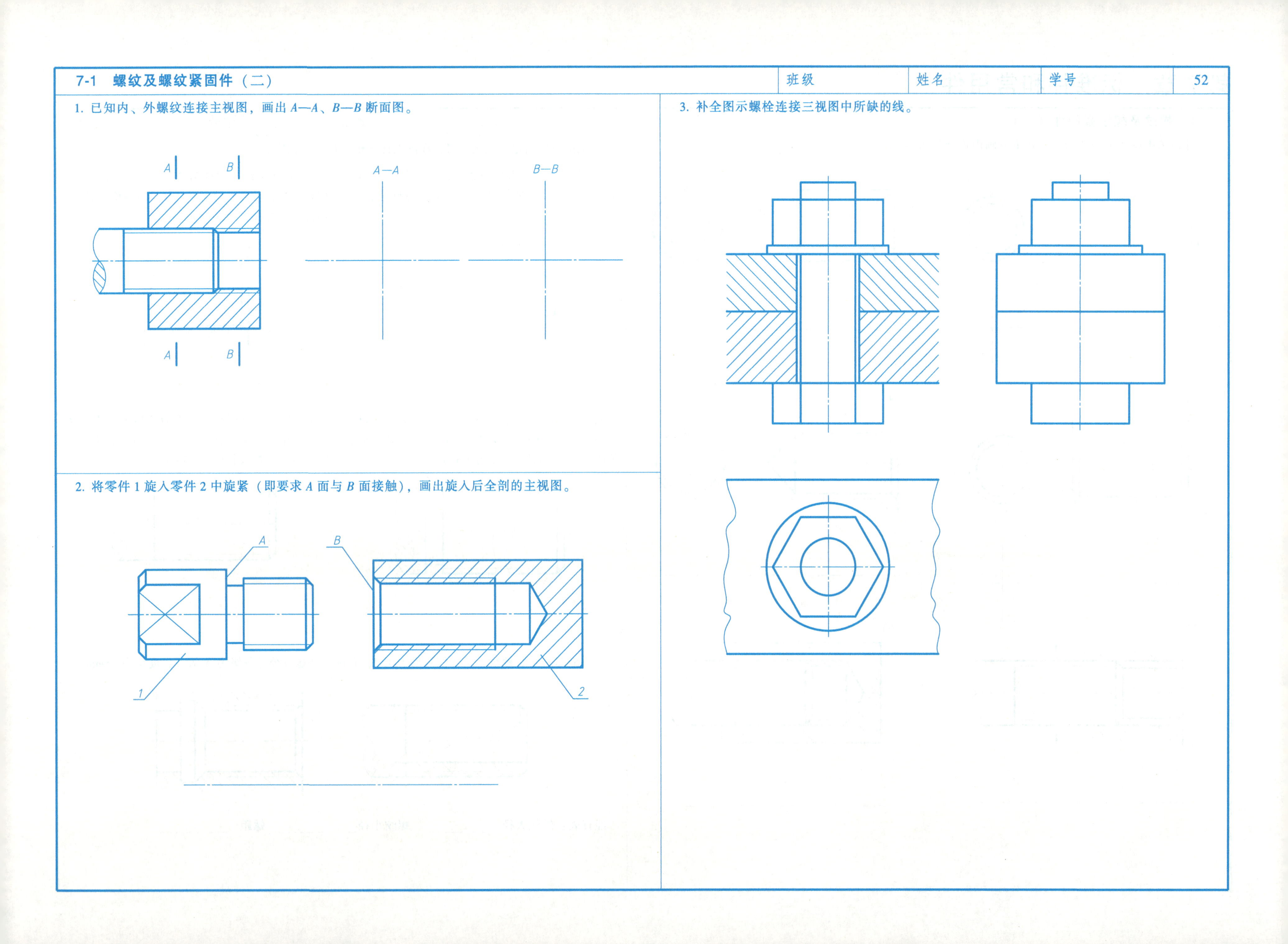
7-1 螺纹及螺纹紧固件（二）
班级
姓名
学号
52
1. 已知内、外螺纹连接主视图，画出 A—A、B—B 断面图。
A
B
A—A
B—B
A
B
2. 将零件 1 旋入零件 2 中旋紧（即要求 A 面与 B 面接触），画出旋入后全剖的主视图。
A
B
1
2
3. 补全图示螺栓连接三视图中所缺的线。

图示零件 1 和零件 2 之间用螺柱 GB/T 897 M20×60、螺母 GB/T 6170 M20 和垫圈 GB/T 93 20 连接，在图示位置画出螺柱连接的主视图和俯视图，要求主视图采用全剖视图表达。

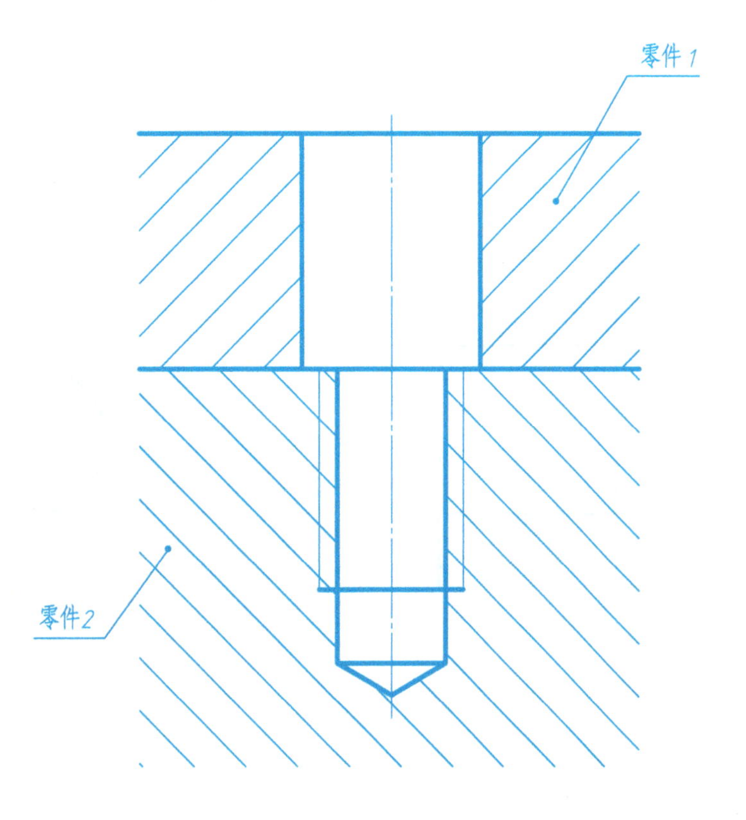

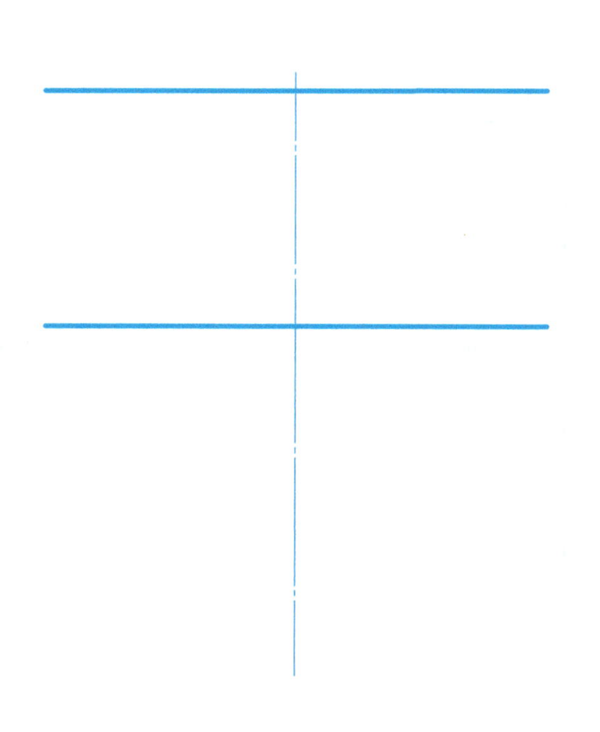

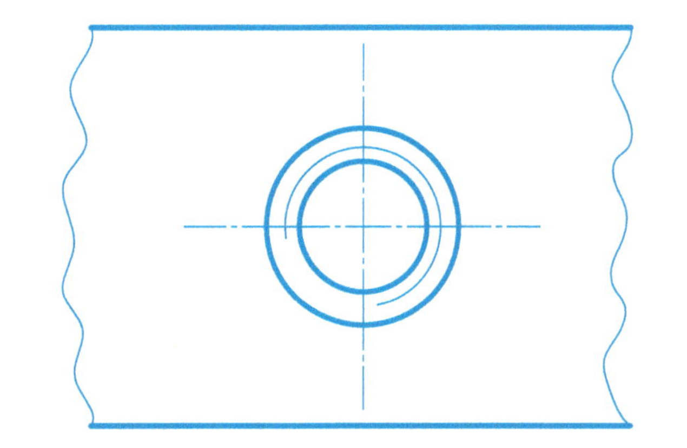

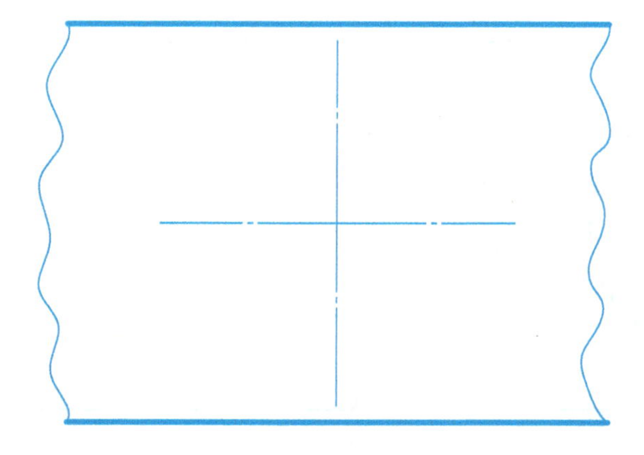

螺柱连接装配图

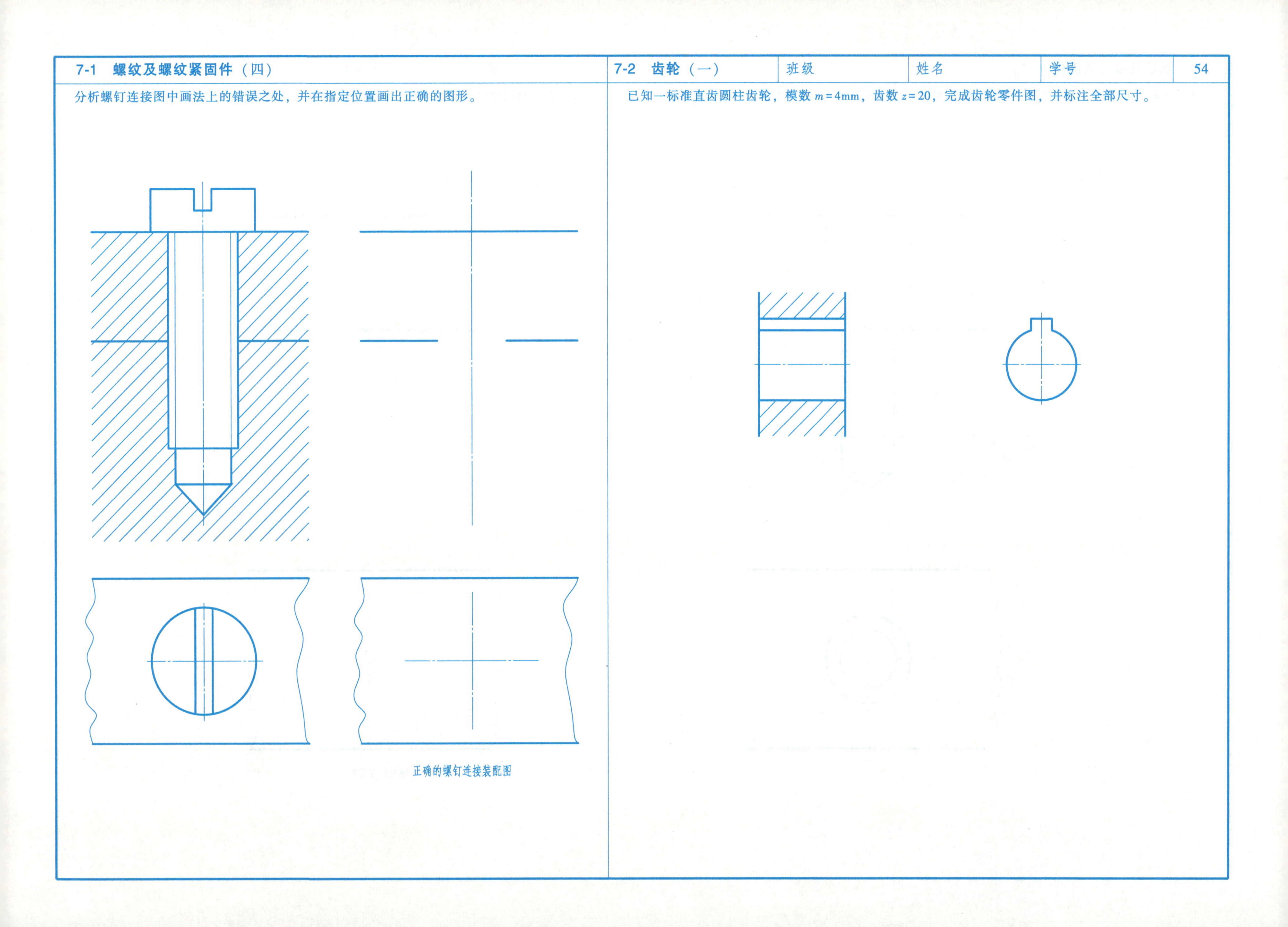
7-1 螺纹及螺纹紧固件（四）
分析螺钉连接图中画法上的错误之处，并在指定位置画出正确的图形。
7-2 齿轮（一）
班级
姓名
学号
54
已知一标准直齿圆柱齿轮，模数 m=4mm，齿数 z=20，完成齿轮零件图，并标注全部尺寸。

正确的螺钉连接装配图

已知一对标准直齿圆柱齿轮，$z_1=17$，$z_2=38$，$m=4$mm，试计算齿轮尺寸，并将计算结果填入表中，按 1：2 的比例完成啮合图。

尺　寸		数值/mm
分度圆直径	d_1	
	d_2	
齿顶圆直径	d_{a1}	
	d_{a2}	
齿根圆直径	d_{f1}	
	d_{f2}	

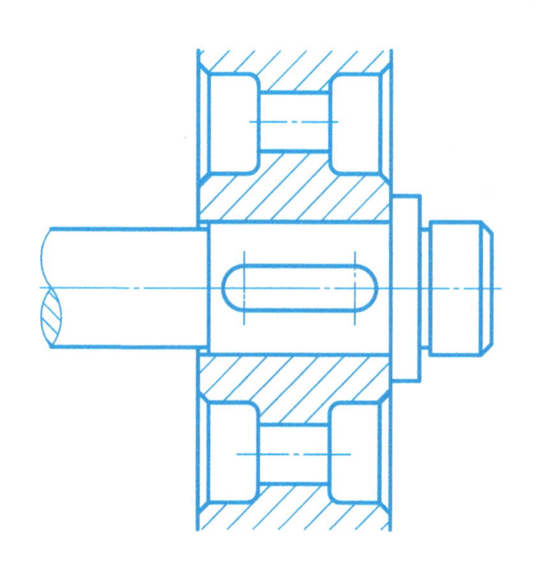

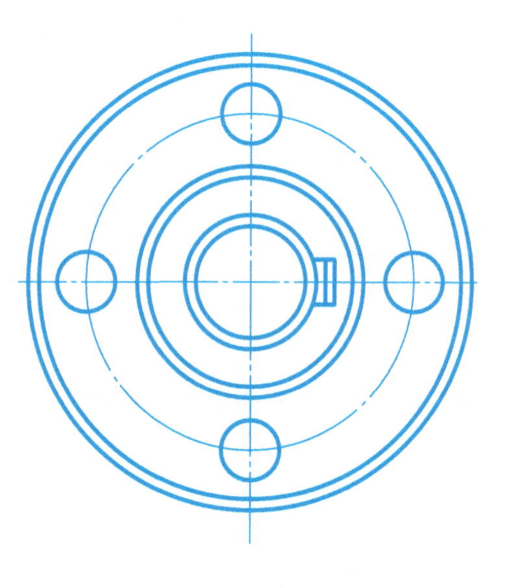

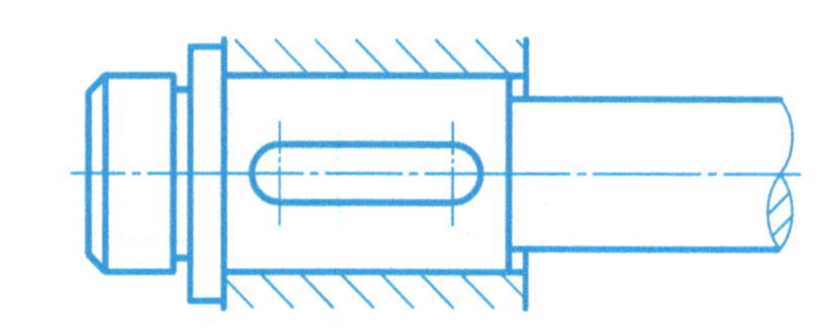

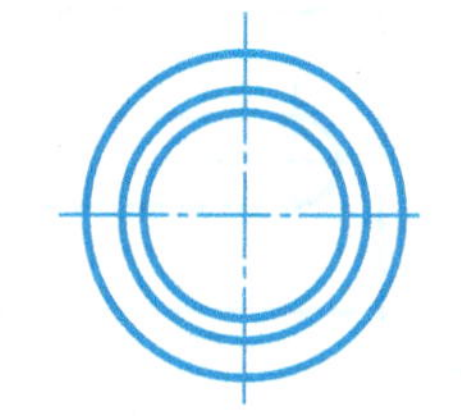

1. 查表完成齿轮轴孔上键槽的投影，并标注键槽尺寸。

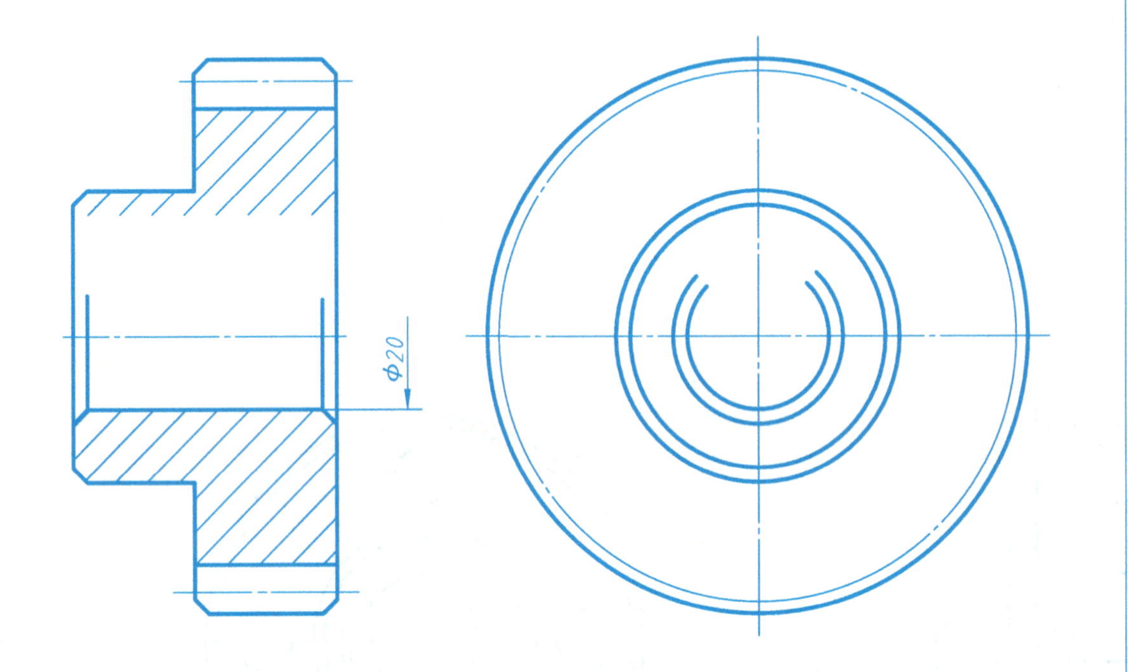

3. 将1题和2题中的齿轮与轴用圆头普通平键连接，右端用螺母 GB/T 6170 M16 和垫圈 GB/T 97.1 16 固定，画出装配后的全剖主视图，并写出键的标记（要求倒角、倒圆、退刀槽省略不画）。

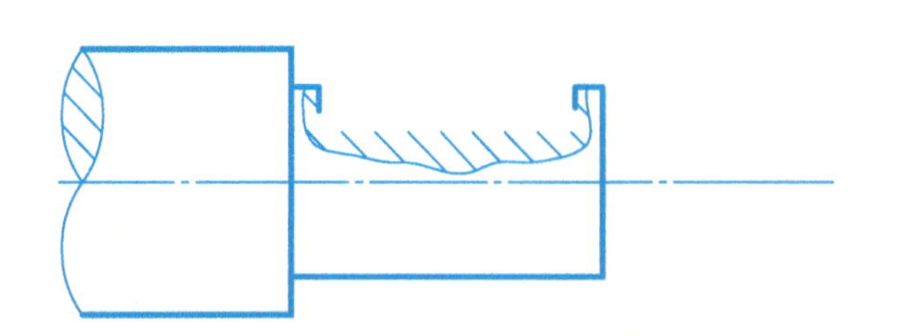

规定标记________________

2. 查表确定轴上键槽的尺寸，在指定位置画出断面图，并标注键槽尺寸。

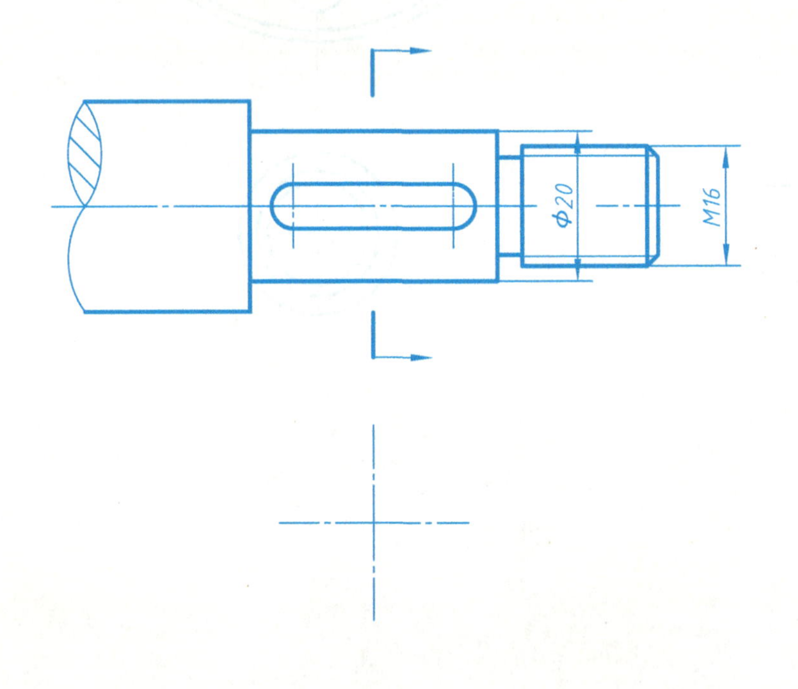

4. 圆锥销连接：公称直径为4mm的A型圆锥销，销长22mm，画出销连接的装配图，并写出销的标记。

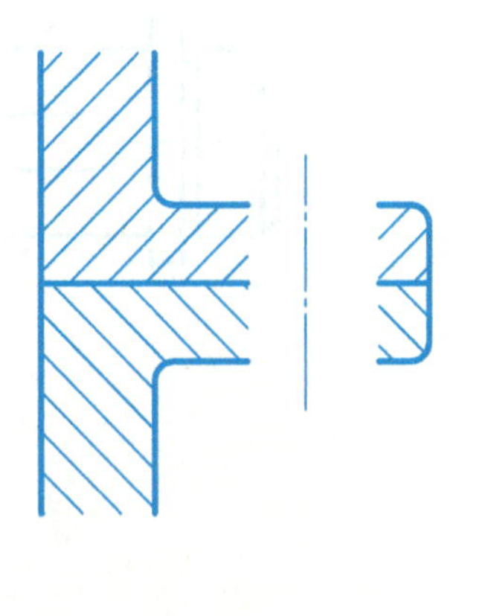

规定标记________________

5. 圆柱销连接：公称直径为6mm的圆柱销 GB/T 119.2，销长35mm，画出销连接的装配图，并写出销的标记。

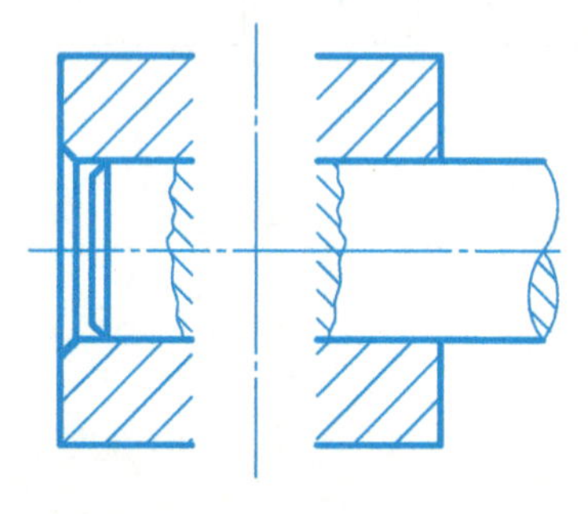

规定标记________________

第8章　零件图

8-1　极限与配合、表面粗糙度

1. 根据装配图中标注的尺寸，在零件图上标注相应的尺寸及公差，完成填空题。

ϕ26 H7/n6 是基________制配合，ϕ26 是________尺寸，配合性质是________配合。该尺寸中 H7 是________的________代号，H 是其________代号，7 是________代号。

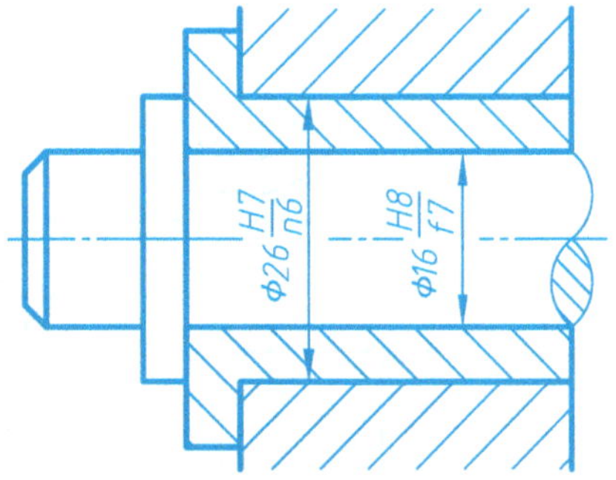

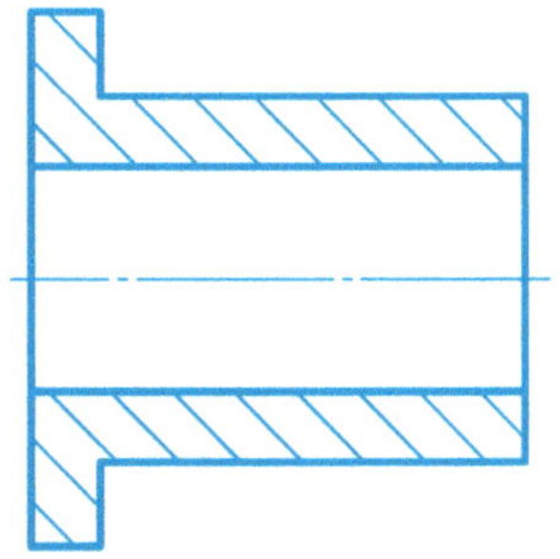

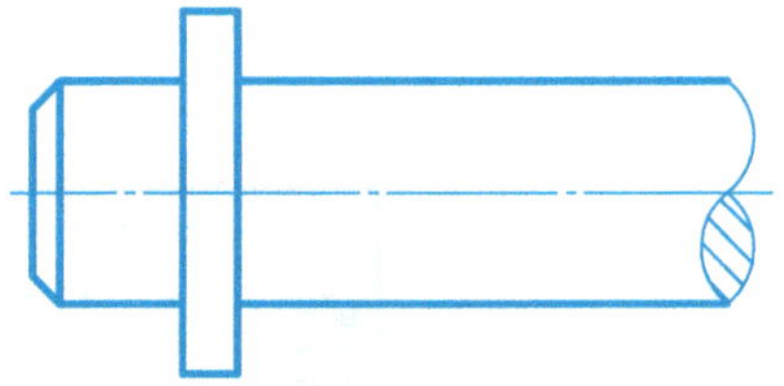

2. 对尺寸 $\phi40\frac{H7}{g6}$ 查表，将查表计算结果填入表中，并画出公差带图。

	孔	轴
公称尺寸		
上极限尺寸		
下极限尺寸		
上极限偏差		
下极限偏差		
公差		
最大间隙		
最小间隙		

3. 下图中给出的零件表面均为加工面，其中 A、B、C、D、E、F 表面的表面粗糙度 Ra 值（μm）分别为 1.6、3.2、0.4、3.2、12.5、1.6，其他表面的表面粗糙度 Ra 值为 25μm。按要求在图中标注各表面的表面粗糙度。

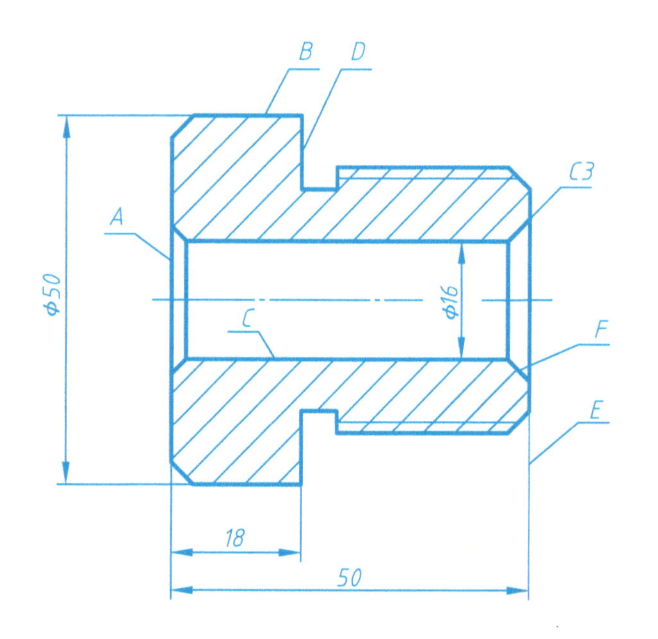

8-2 零件图 读支架零件图，完成下列各题

1. 作 *A*—*A* 剖视图。

2. 在图中标出各个方向尺寸的主要基准。

3. 4×M6-6H 表示有______个螺纹孔，螺纹类型是______螺纹，大径是______，螺距是______，旋向是______，中径和顶径的公差带代号是______。

4. 螺纹孔 4×M6-6H 的定位尺寸是______和______。

5. 肋板厚度等于______。

6. 尺寸 $\phi 12H7^{+0.018}_{0}$ 的公差带代号是______，公差等级是______，公差值是______。

7. $\phi 20^{+0.021}_{0}$ 内孔最大可以加工成______，最小可以加工成______，若加工的实际尺寸是 ϕ20.03，是否合格？______。

8. 退刀槽尺寸 3×2，其槽宽尺寸为______，槽深尺寸为______。

9. 表面 *E*、*F* 中，______面是加工面，______面是毛坯面。加工面的表面粗糙度 *Ra* 值为______；该数值的单位是______。

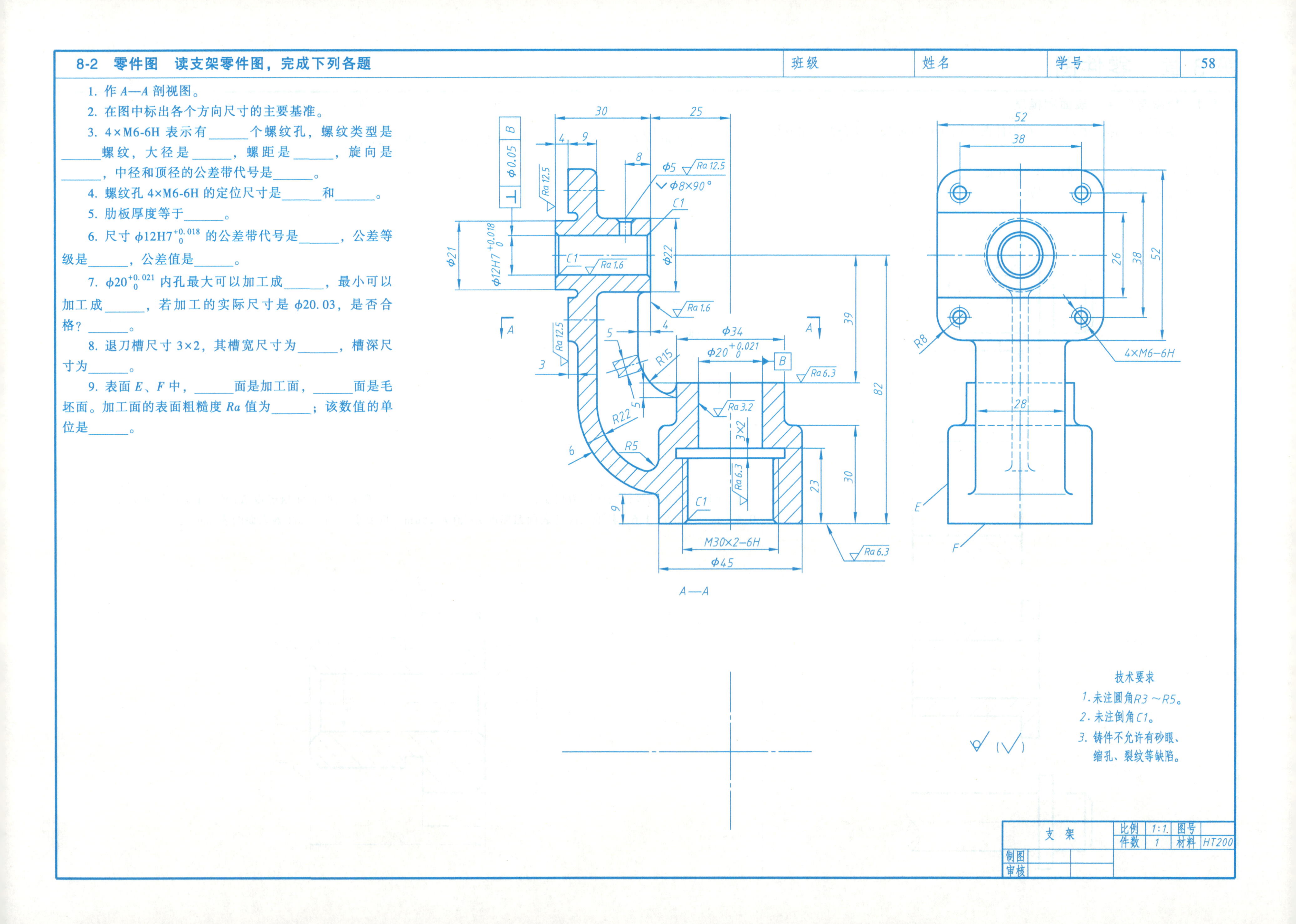

第9章 装配图

复习及作业指导	班级	姓名	学号	59

装配图是设计和生产过程中的重要技术文件，本章要求掌握两项技能：

1. 画装配图

1）先读懂装配示意图，了解部件的组成；再根据所给零件图读懂零件的形状（所给零件图表达的均为非标准件），标准件根据所给国标编号查阅相关资料（教材附录）了解其结构尺寸。

2）将所有零件按装配示意图装配成部件，并想象出部件的组成及形状。

3）读懂部件的工作原理，了解各零件的作用，分析零件的装拆顺序。

4）根据部件的工作情况及结构特点确定表达方案：①取其工作位置；②确定主视图投影方向及表达方法，要反映部件的工作原理及主要的装配关系；③确定其他视图。要求：表达内容完整、方案简练。

5）按正确的画图步骤画图。①合理布图。②打底稿，先主装配线后次装配线，按装配顺序依次画出各零件的轮廓，做到图形正确，并注意装配图的规定画法和特殊画法。③检查：各零件的轮廓及位置是否正确，视图是否符合国标规定。④加深：先粗线（即粗实线）后细线（包括点画线、虚线、细实线、波浪线等）。⑤画剖面符号：注意剖面线分零件（相邻零件剖面线应方向相反或间隔不同，而同一零件在所有视图中的剖面线必须保持一致），此时以零件为对象可以避免错误（即当一个零件所有视图中剖面线均画好后再进行下一个零件）。⑥标注尺寸：规格（性能）尺寸、装配尺寸、安装尺寸、外形尺寸等。⑦零件编号并制作标题栏、明细栏：编号时先画出所有零件的指引线再统一写序号，注意水平和竖直都要呈一条线排列，明细栏自下而上书写，注意各栏中内容要全，细实线封顶，其余外框均为粗实线，内框为细实线。⑧加深图框，裁剪图纸。

对图面的要求：图形正确、线型分明、字体工整。

2. 读装配图

读图步骤：

1）看标题栏，了解部件的名称、画图比例等信息。

2）看明细栏，了解部件的组成，每种零件的个数及其在图中的位置。

3）明确每个视图的投射方向，表达方法。

4）详细读图：①结合技术要求弄清工作原理；②零件的相对位置、连接方式、装拆顺序；③各零件的形状及其在部件中的作用。

5）了解部件的润滑方式、密封方法。

配套教材第九章给出了顶尖座的详细读图指导，请同学们认真练习。另外，结合教材和习题集中所有装配图，强化练习，只有多读图才可以提高读图能力。

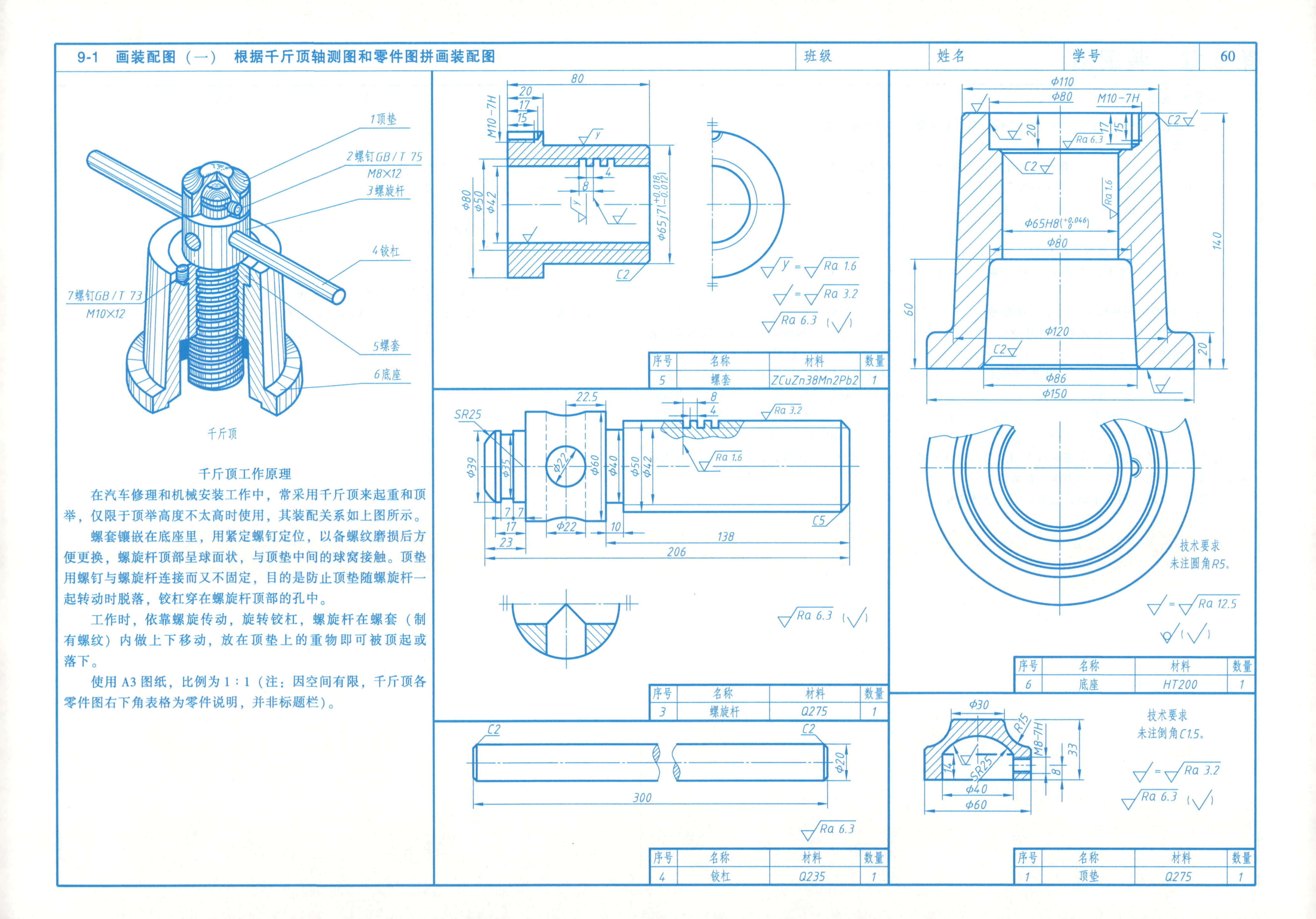

千斤顶工作原理

在汽车修理和机械安装工作中，常采用千斤顶来起重和顶举，仅限于顶举高度不太高时使用，其装配关系如上图所示。

螺套镶嵌在底座里，用紧定螺钉定位，以备螺纹磨损后方便更换，螺旋杆顶部呈球面状，与顶垫中间的球窝接触。顶垫用螺钉与螺旋杆连接而又不固定，目的是防止顶垫随螺旋杆一起转动时脱落，铰杠穿在螺旋杆顶部的孔中。

工作时，依靠螺旋传动，旋转铰杠，螺旋杆在螺套（制有螺纹）内做上下移动，放在顶垫上的重物即可被顶起或落下。

使用A3图纸，比例为1∶1（注：因空间有限，千斤顶各零件图右下角表格为零件说明，并非标题栏）。

序号	名称	材料	数量
5	螺套	ZCuZn38Mn2Pb2	1

序号	名称	材料	数量
6	底座	HT200	1

序号	名称	材料	数量
3	螺旋杆	Q275	1

序号	名称	材料	数量
4	铰杠	Q235	1

序号	名称	材料	数量
1	顶垫	Q275	1

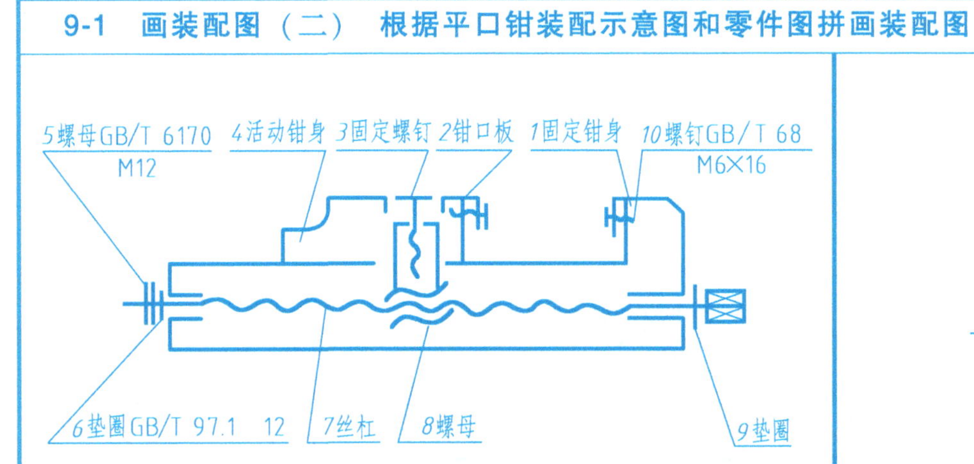

平口钳装配示意图

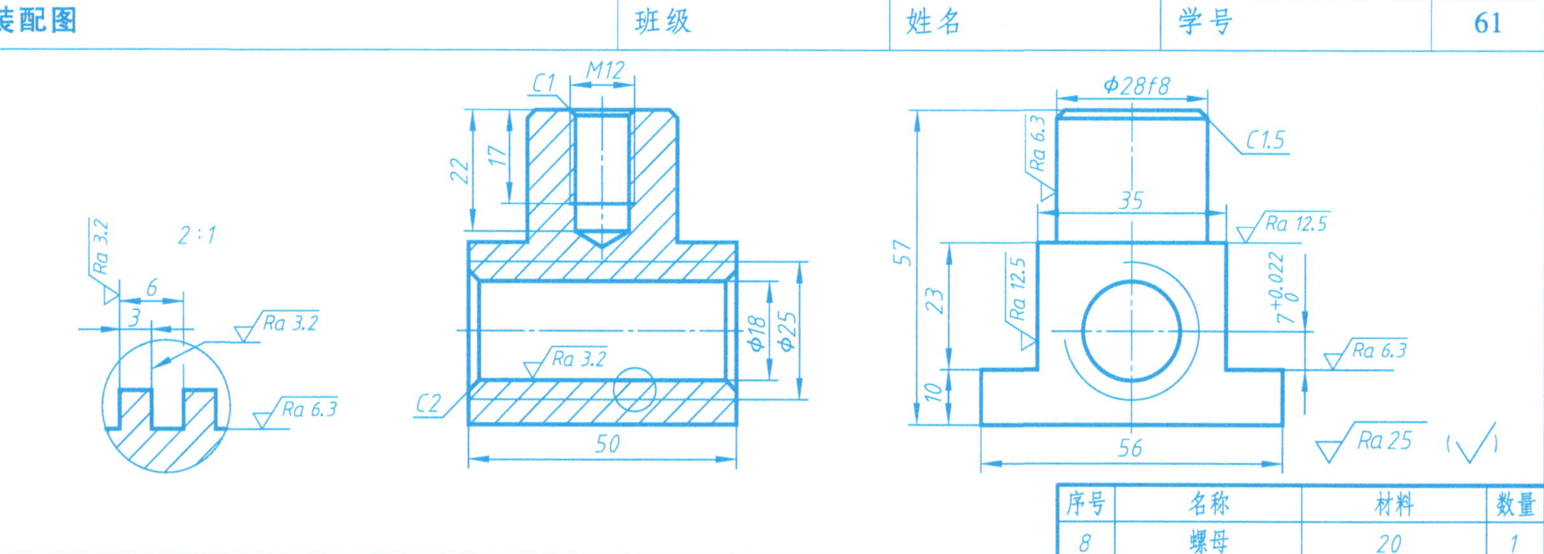

序号	名称	材料	数量
8	螺母	20	1

平口钳工作原理

平口钳是加工工件时用来夹持工件的夹具。它主要是由固定钳身1、活动钳身4、钳口板2、丝杠7和螺母8等组成。丝杠固定在固定钳身上，转动丝杠可带动螺母做直线移动。螺母与活动钳身用螺钉连成整体，因此当丝杠转动时，活动钳身就会沿固定钳身移动，这样使钳口闭合或张开，以便夹紧或松开工件。使用A3图纸，比例为1：1（注：因空间有限，平口钳各零件图右下角表格为零件说明，并非标题栏）。

标准件

名称	数量	标准代号	序号
螺钉 M6×16	4	GB/T 68	10
螺母 M12	2	GB/T 6170	5
垫圈 12	1	GB/T 97.1	6

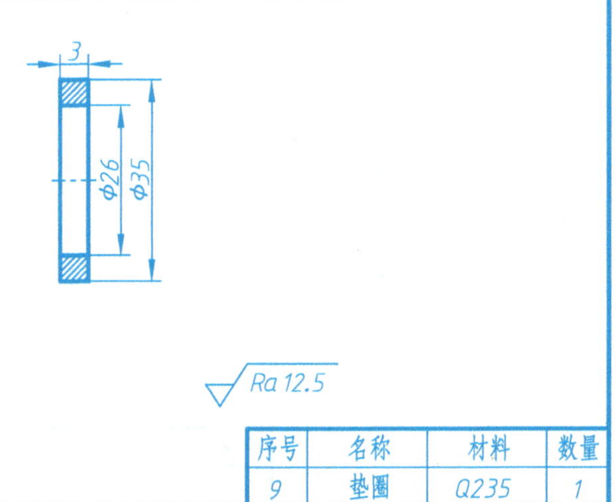

序号	名称	材料	数量
9	垫圈	Q235	1

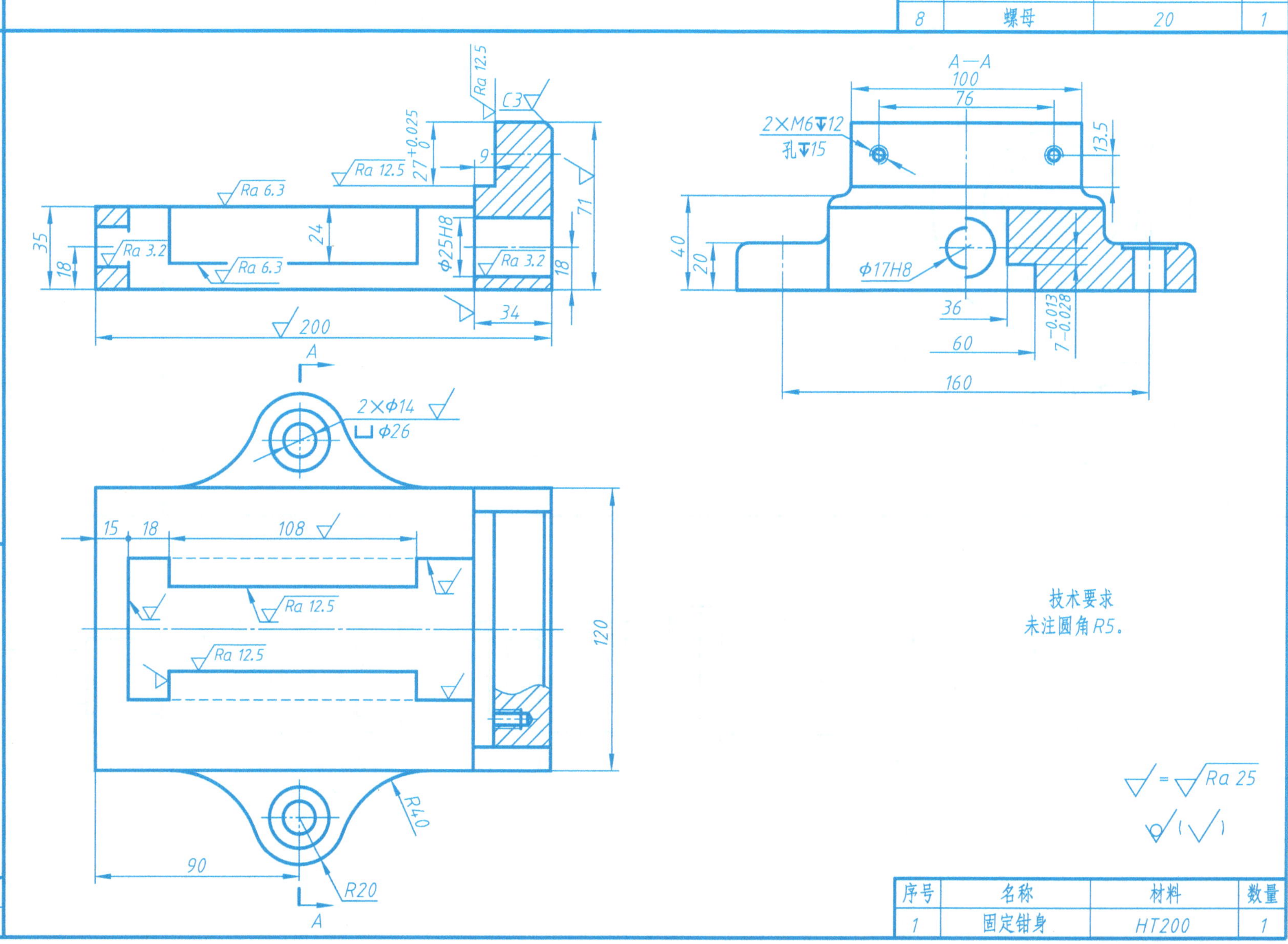

序号	名称	材料	数量
1	固定钳身	HT200	1

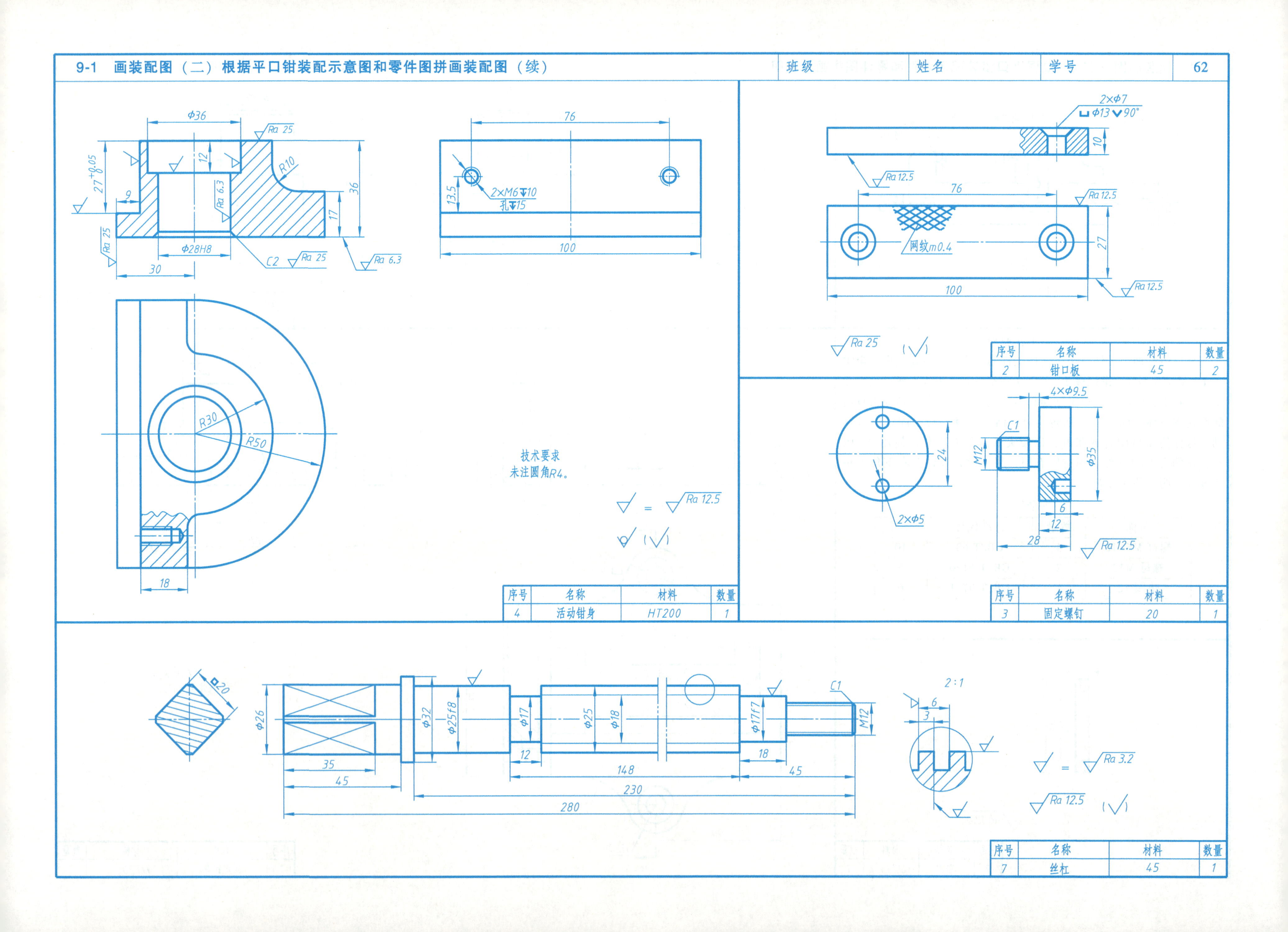

序号	名称	材料	数量
4	活动钳身	HT200	1

序号	名称	材料	数量
2	钳口板	45	2

序号	名称	材料	数量
3	固定螺钉	20	1

序号	名称	材料	数量
7	丝杠	45	1

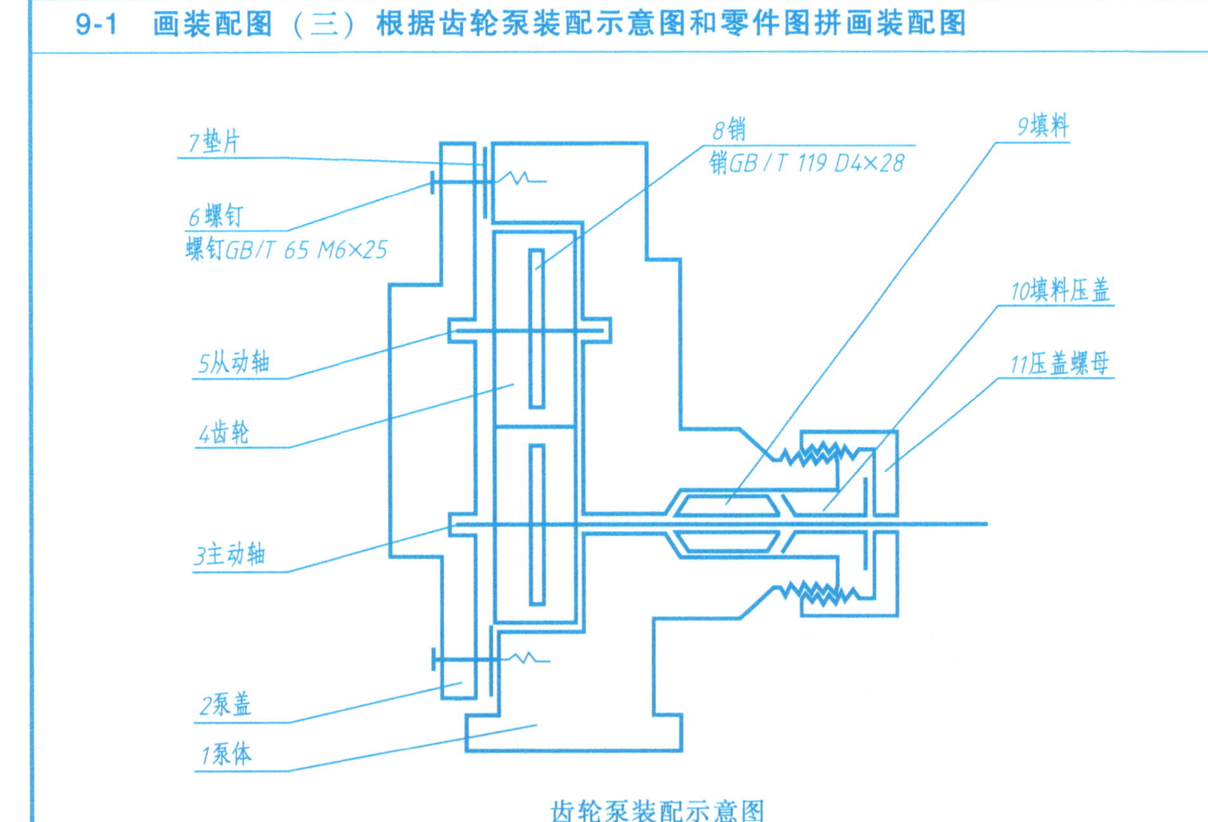

齿轮泵装配示意图

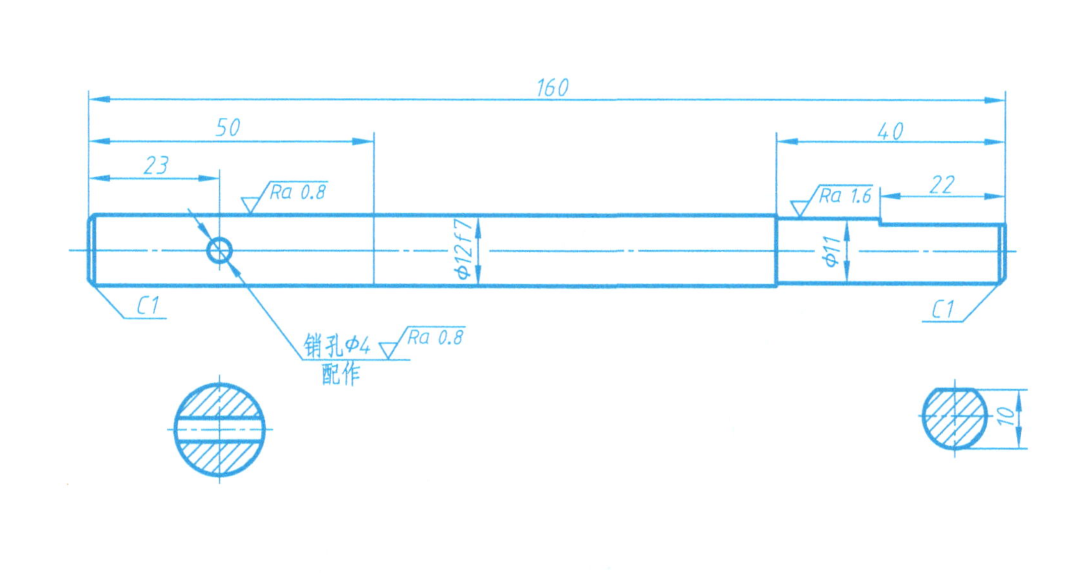

序号	名称	材料	数量
3	主动轴	45	1

齿轮泵工作原理

齿轮泵常用于机床等设备的润滑系统中，为机床各运转零件提供所需的润滑油。

齿轮泵是由泵体 1、泵盖 2、主动轴 3、从动轴 5 等 11 种零件组成的。主动轴、从动轴用销 8 与齿轮 4 连接，并由泵体和泵盖支撑。泵体和泵盖之间的间隙，用以保证齿轮的正常运转。为防止润滑油沿主动轴渗溢，在泵体右端孔与主动轴之间的间隙内装入填料 9，用填料压盖 10 压住，并通过压盖螺母 11 拧紧后压紧填料，起到密封的作用。

使用 A3 图纸，比例为 1∶1（注：因空间有限，齿轮泵各零件图右下角表格为零件说明，并非标题栏）。

模数	2.5
齿数	14
压力角	20°
精度等级	8-2-7GK

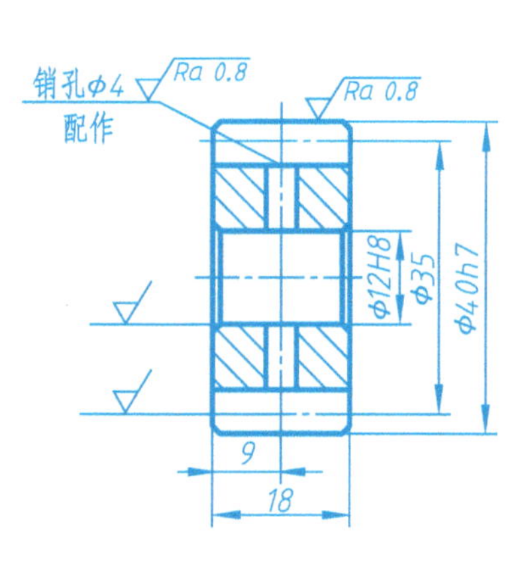

技术要求
未注倒角C1。

√ = Ra 1.6

Ra 6.3 (√)

序号	名称	材料	数量
4	齿轮	45	2

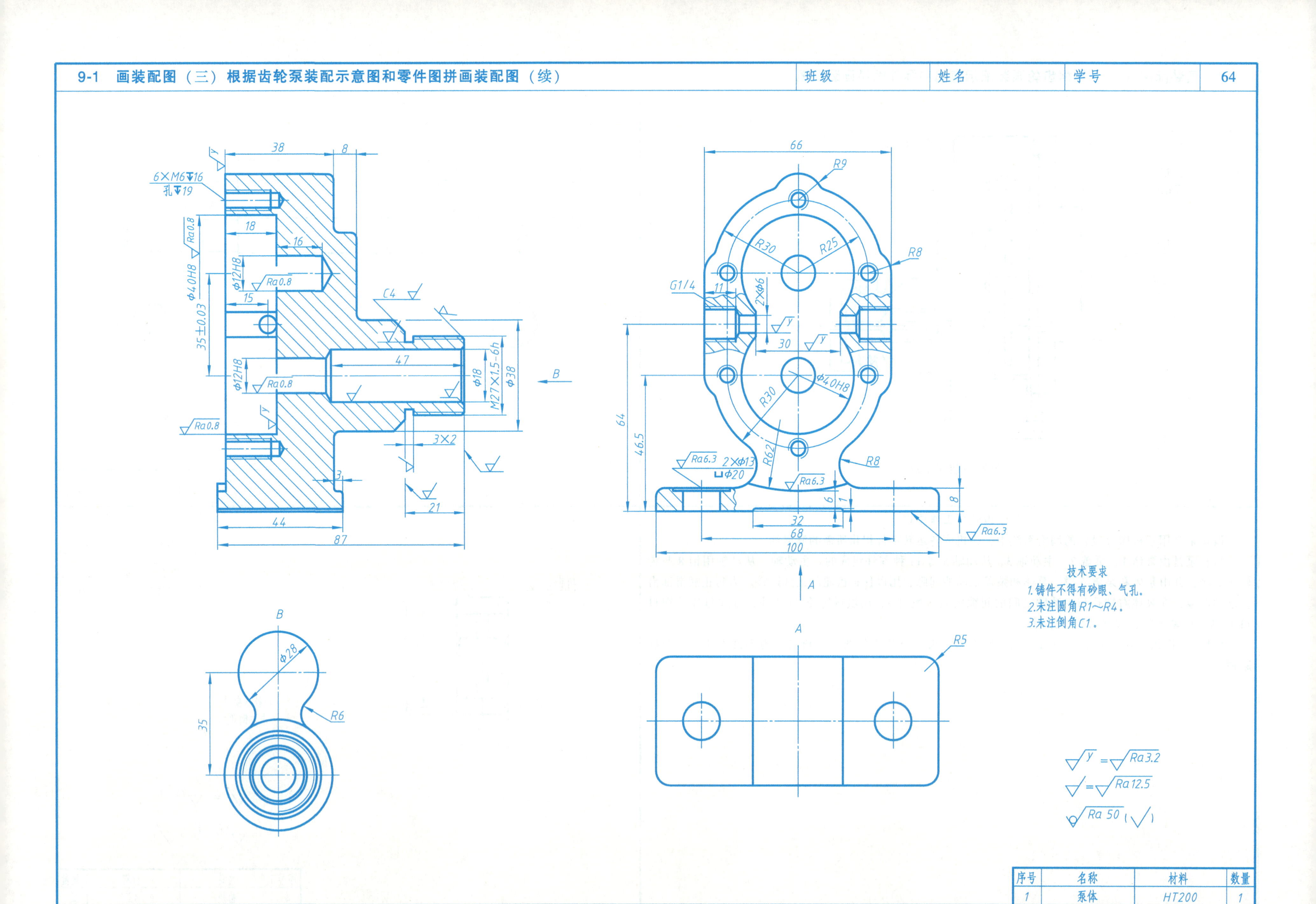

序号	名称	材料	数量
1	泵体	HT200	1

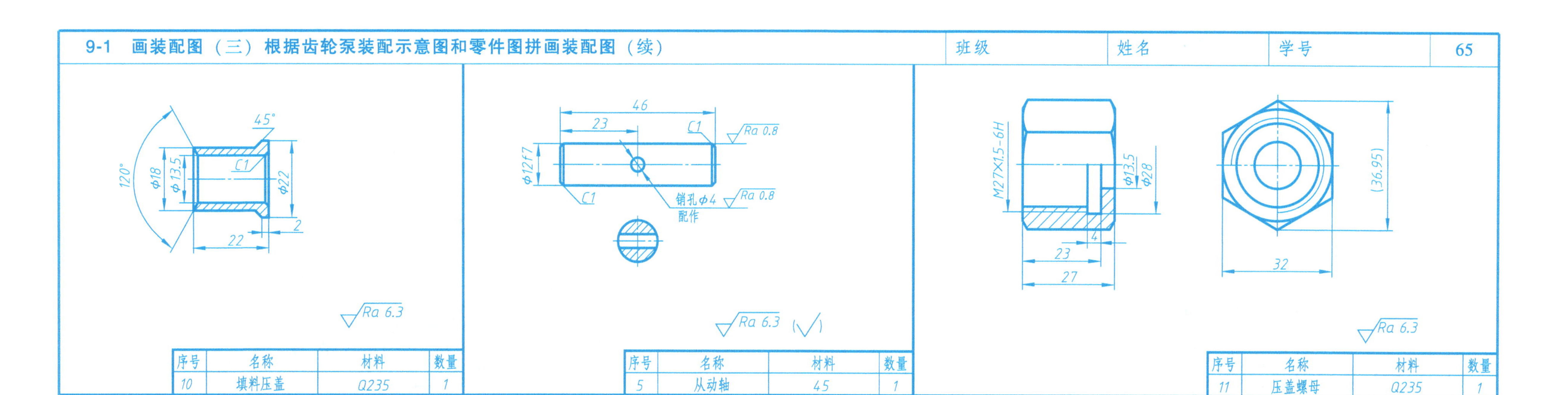

序号	名称	材料	数量
10	填料压盖	Q235	1

序号	名称	材料	数量
5	从动轴	45	1

序号	名称	材料	数量
11	压盖螺母	Q235	1

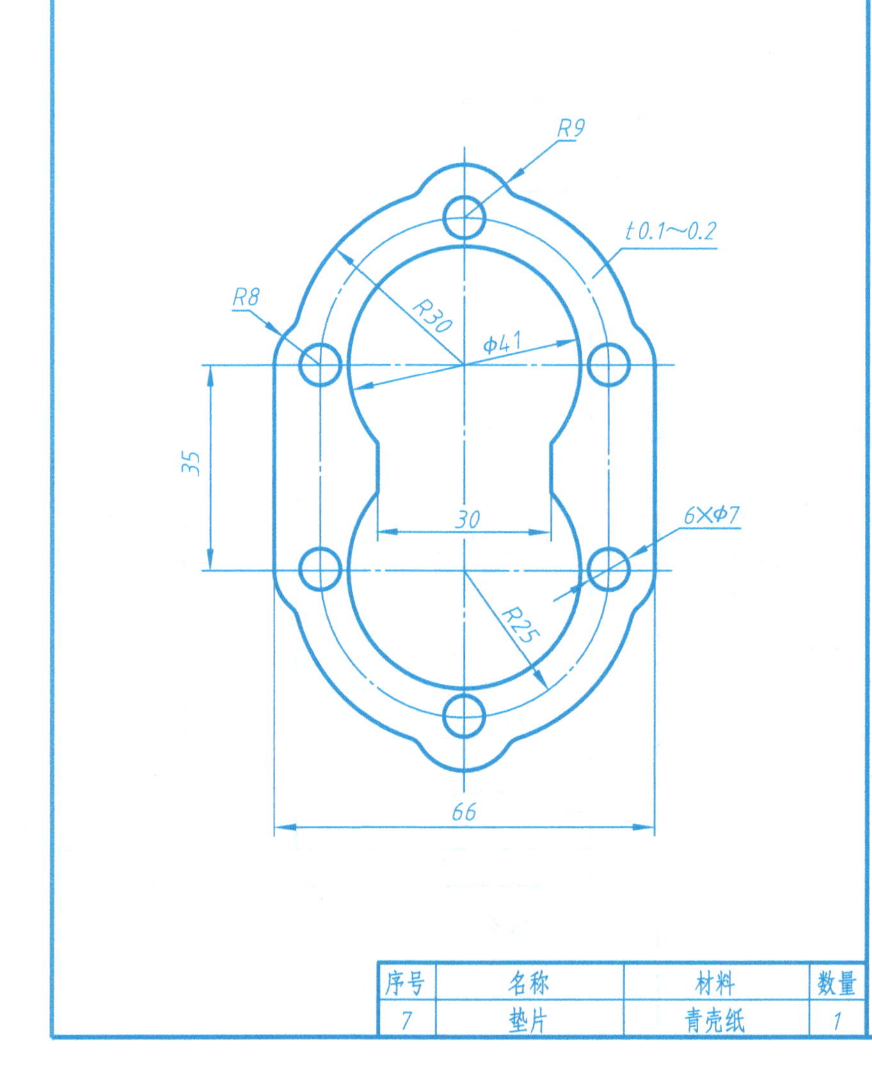

序号	名称	材料	数量
7	垫片	青壳纸	1

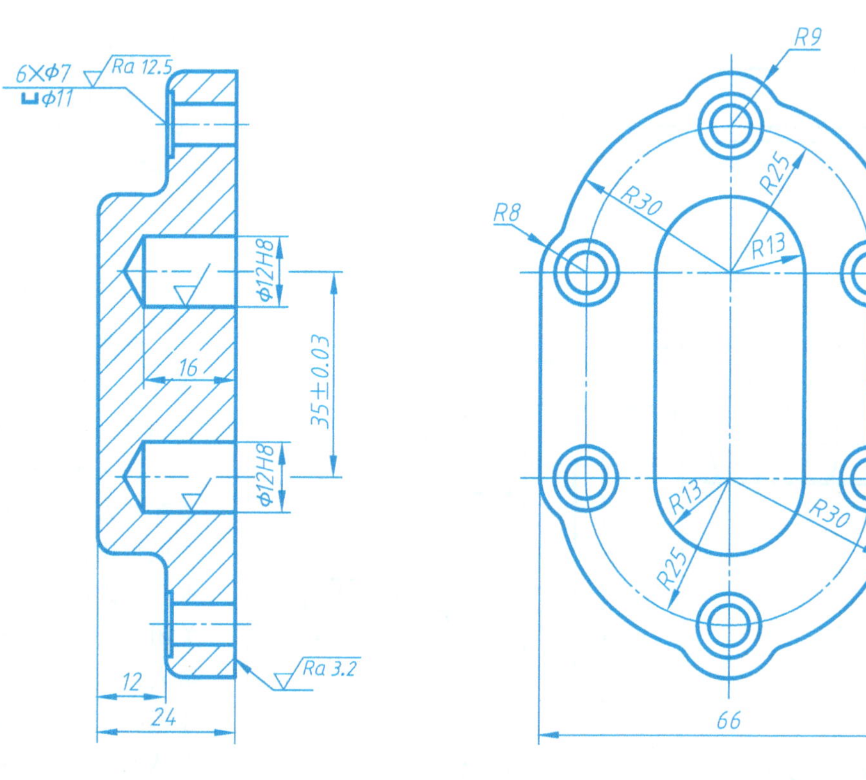

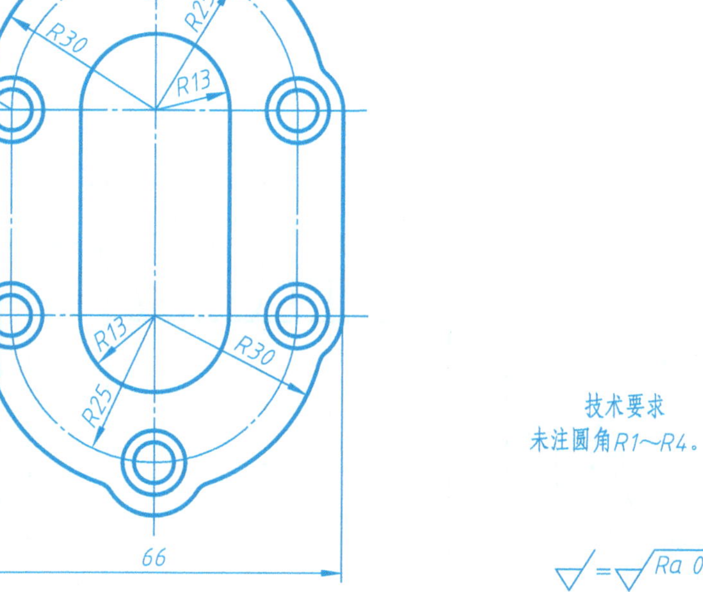

技术要求
未注圆角R1~R4。

√ = √Ra 0.8
√Ra 50 (√)

序号	名称	材料	数量
2	泵盖	HT200	1

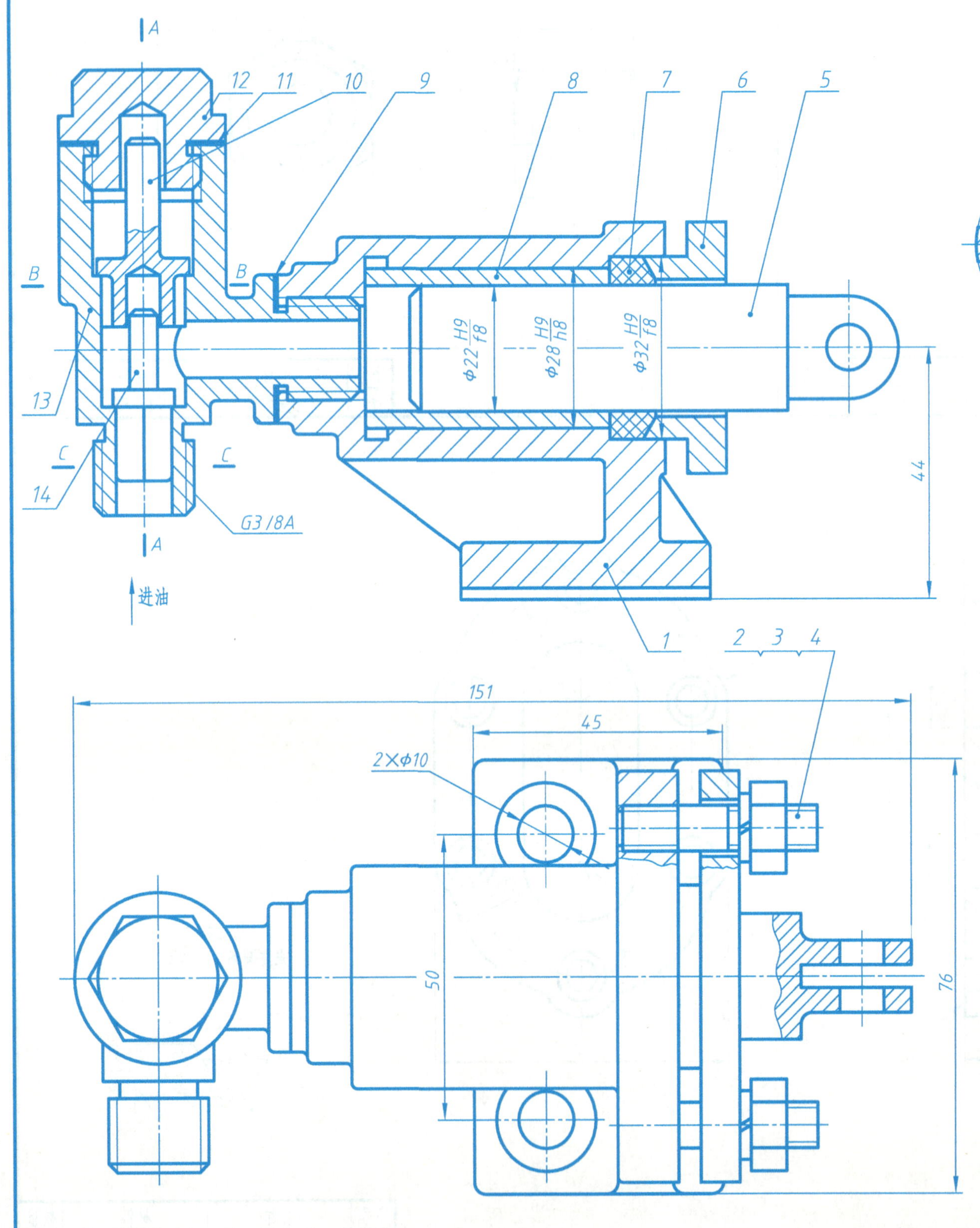

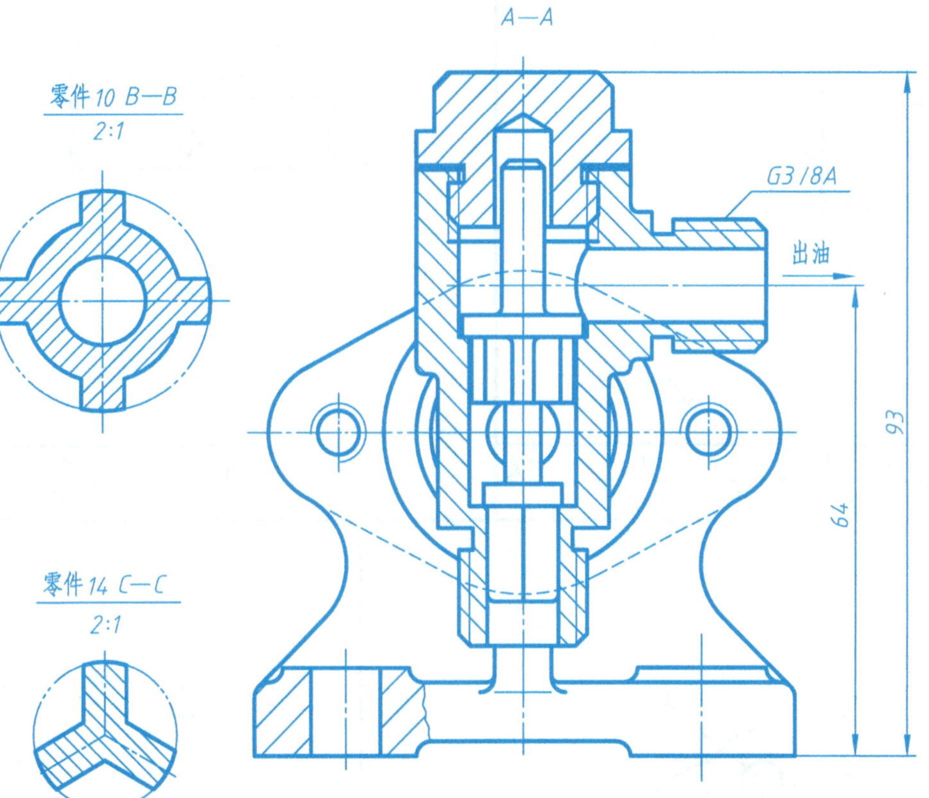

柱塞泵工作原理

柱塞泵是用来提高输送液体压力的供油部件。当柱塞往复运动时，液体由下阀瓣14处流入，由上阀瓣10处流出。

柱塞5与衬套8之间为间隙配合，当柱塞在外力推动下向右移动时，油腔容积增大形成负压，油箱中的液体在大气压的作用下推开下阀瓣14进入油腔，而上阀瓣10紧紧关闭。当柱塞5左移时，油腔容积变小压力增大，下阀瓣14关闭，上阀瓣10打开，液体流出。由于柱塞5的往复运动，液体不断地从油腔中输送到润滑系统或其他地方。

序号	名称	数量	材料	备注
14	下阀瓣	1	ZCuZn38Mn2Pb2	
13	管接头	1	ZCuZn38Mn2Pb2	
12	螺塞	1	ZCuZn38Mn2Pb2	
11	垫片	1	3707	
10	上阀瓣	1	ZCuZn38Mn2Pb2	
9	垫片	1	3707	
8	衬套	1	ZCuZn38Mn2Pb2	
7	填料	1	T132	
6	填料压盖	1	ZCuZn38Mn2Pb2	
5	柱塞	1	45	
4	螺柱 M8×25	2	Q235	GB/T 898
3	垫圈 8	2	Q235	GB/T 93
2	螺母 M8	2	Q235	GB/T 6170
1	泵体	1	HT200	

柱塞泵	比例	1:1	共1张
	图号		第1张
制图			
审核			

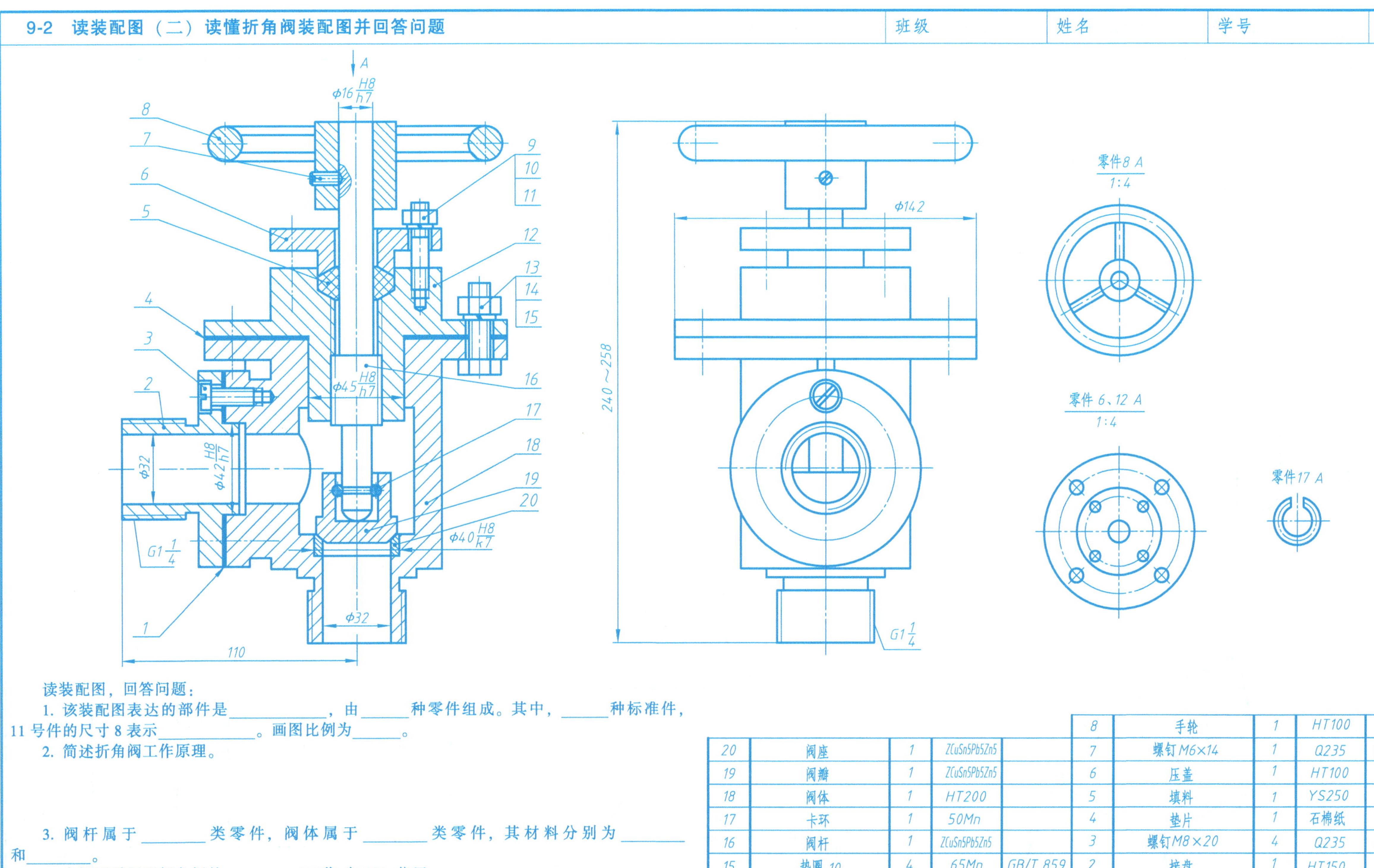

读装配图，回答问题：

1. 该装配图表达的部件是__________，由_____种零件组成。其中，_____种标准件，11号件的尺寸8表示__________。画图比例为_____。

2. 简述折角阀工作原理。

3. 阀杆属于_______类零件，阀体属于_______类零件，其材料分别为_______和_______。

4. 主视图采用了折角阀的_______（工作/加工）位置。

5. $G1\frac{1}{4}$为_______螺纹。

6. 尺寸$\phi40\frac{H8}{k7}$属于_______尺寸，为基_______制_______配合。H8为_______代号，H为_______代号，阀座的精度比阀体的精度_______。

7. 阀杆和上盖靠_______连接，压盖和上盖靠_______连接。

序号	名称	数量	材料	备注
20	阀座	1	ZCuSn5Pb5Zn5	
19	阀瓣	1	ZCuSn5Pb5Zn5	
18	阀体	1	HT200	
17	卡环	1	50Mn	
16	阀杆	1	ZCuSn5Pb5Zn5	
15	垫圈 10	4	65Mn	GB/T 859
14	螺母 M10	4	Q235	GB/T 6170
13	螺栓 M10×35	4	Q235	GB/T 5781
12	上盖	1	HT150	
11	垫圈 8	4	65Mn	GB/T 859
10	螺母 M8	4	Q235	GB/T 6170
9	螺柱 M8×30	4	Q235	GB/T 898
8	手轮	1	HT100	
7	螺钉 M6×14	1	Q235	GB/T 71
6	压盖	1	HT100	
5	填料	1	YS250	
4	垫片	1	石棉纸	
3	螺钉 M8×20	4	Q235	GB/T 65
2	接盘	1	HT150	
1	垫片	1	石棉纸	

折角阀		比例	1:2	共1张
		图号		第1张
制图				
审核				

按题目要求作图	班级	姓名	学号	68

1. 阅读右图所示旋风分离器装配图。

1）说明焊接代号的含义；

2）在白纸上画出各组成部分的表面展开图，留出粘接余量，裁剪并粘接。

2. 在右侧画出正四棱台的表面展开图。

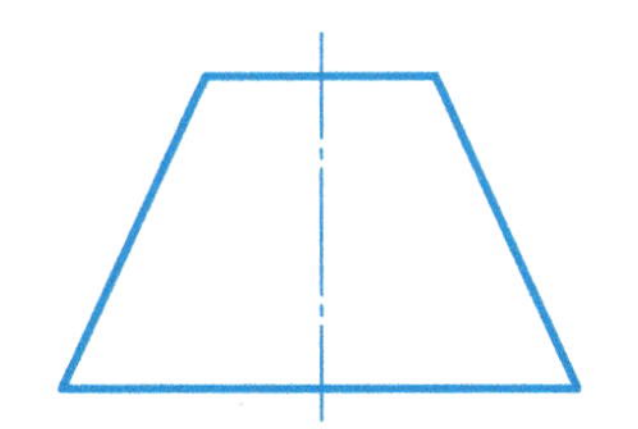

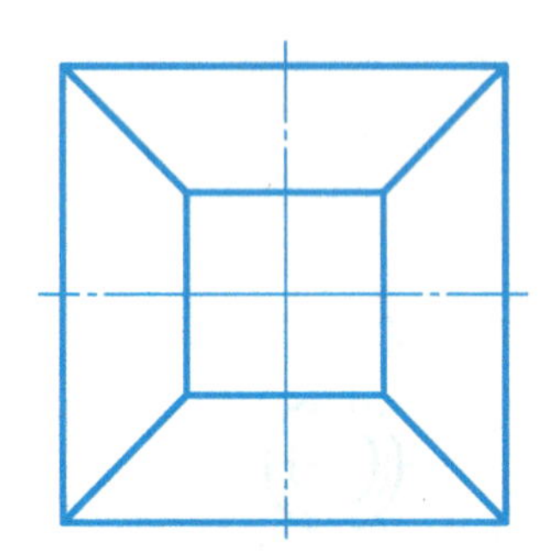

3. 在白纸上画出五节等径弯管的表面展开图。

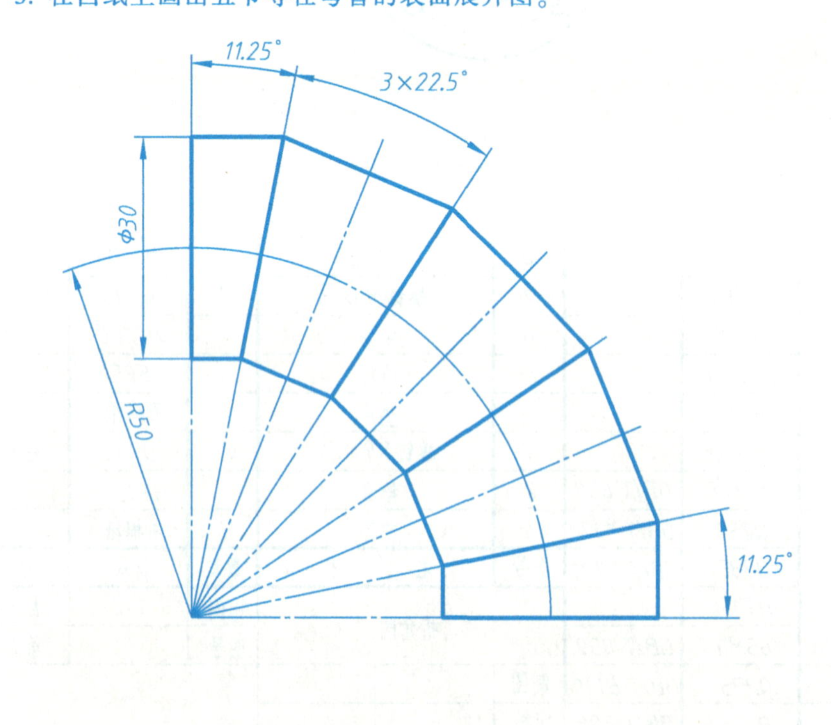

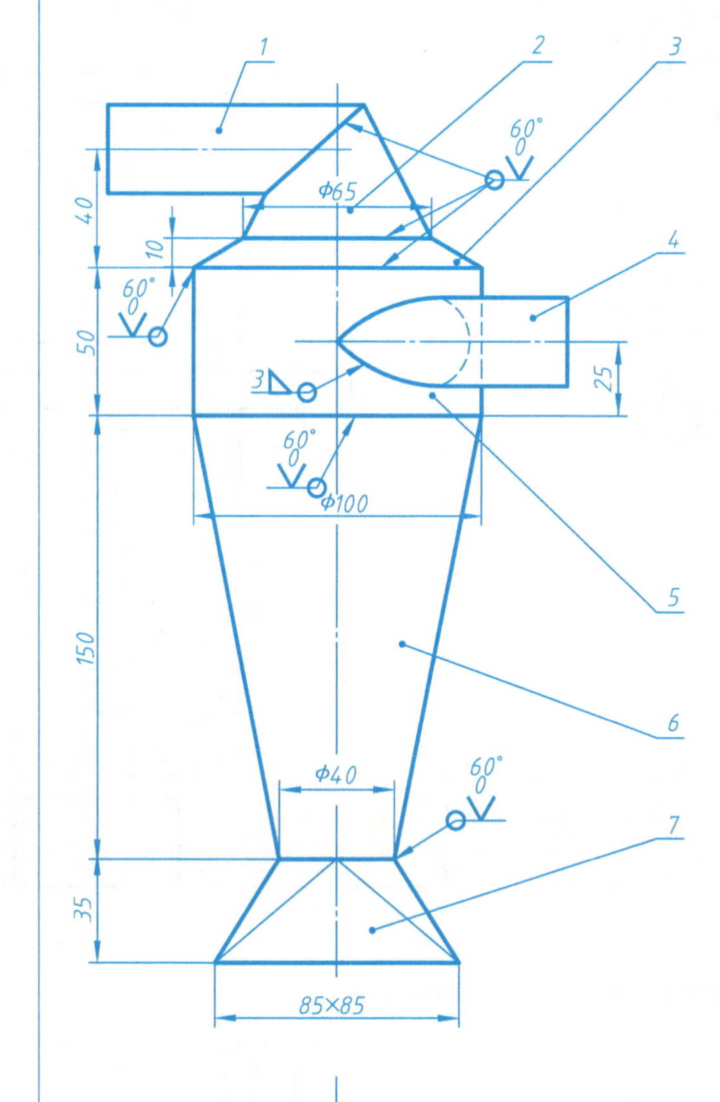

技术要求

1. 组装时全部用手工电弧焊。

2. 筒体轴线与过渡管轴线偏心不得超过2mm。

3. 焊后加压检查严密性。

4. 筒体内、外表面各刷一遍防锈漆。

序号	名 称	数量	材 料	备 注
7	方圆过渡接头	1	30	钢板 $t=4$
6	圆锥管	1	30	钢板 $t=4$
5	圆柱管	1	30	钢板 $t=4$
4	入口管	1	30	钢板 $t=3$
3	顶板	1	30	钢板 $t=3$
2	过渡管	1	30	钢板 $t=3$
1	出口管	1	30	钢板 $t=3$

旋风分离器	比例	1:5	共 张
	图号		第 张
制图			
审核			

第 11 章　计算机绘图基础

使用计算机绘制图形（一）	班级	姓名	学号	69

1. 建立粗实线、细点画线、细虚线图层，使用相对坐标，按 1∶1 的比例画出以下图形。

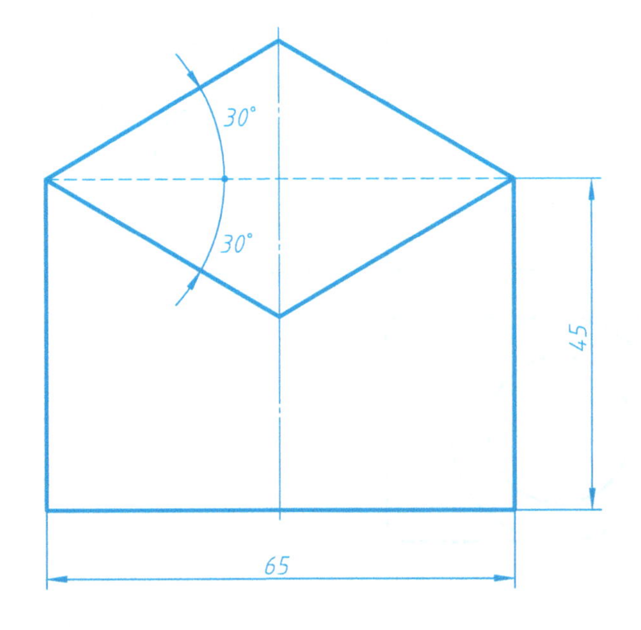

2. 使用对象捕捉工具中的端点、中点、垂足、交点捕捉功能，按 1∶1 的比例画出以下图形。

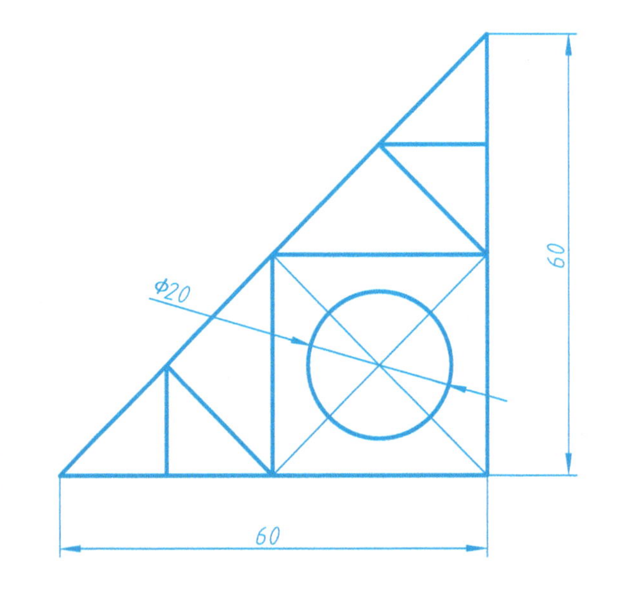

3. 使用偏移、修剪、延伸等命令，按 1∶1 的比例画出以下图形。

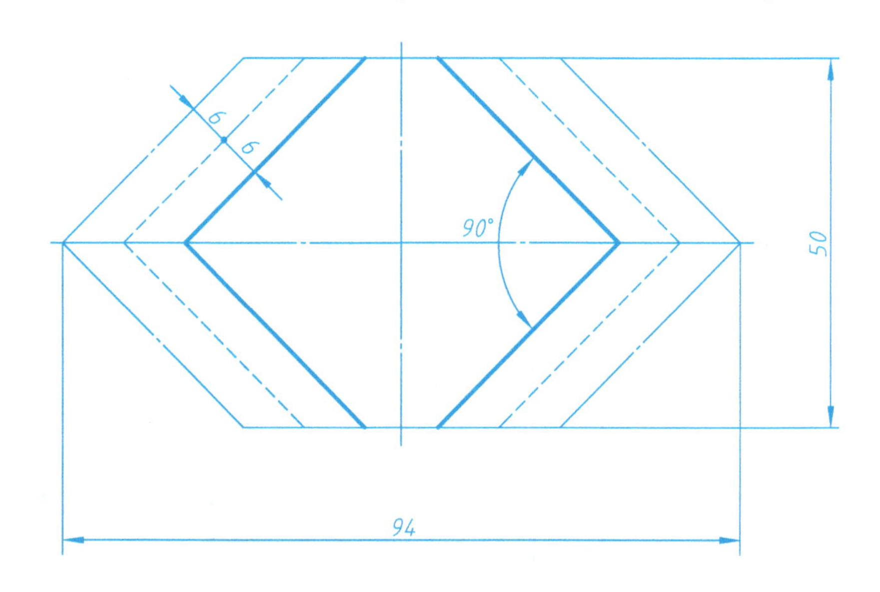

4. 用阵列和镜像命令按 1∶1 的比例完成以下图形。

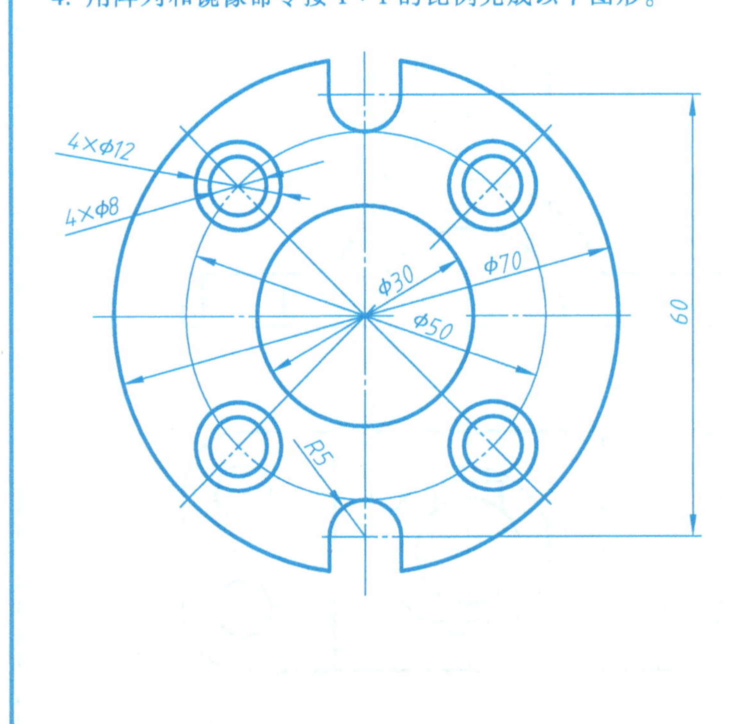

5. 用阵列命令按 1∶1 的比例完成以下图形。

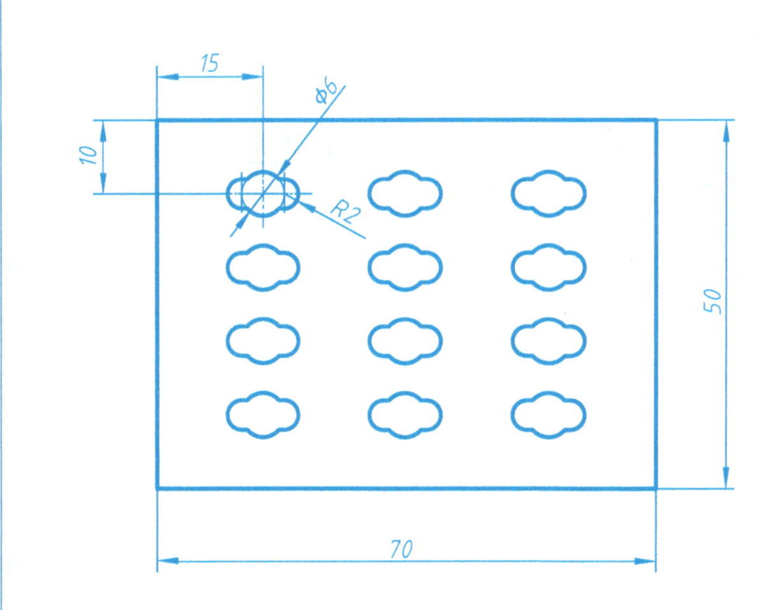

6. 已知两标准直齿圆柱齿轮的模数 $m=2.5$mm，小齿轮的齿数 $z_1=28$，齿宽 $B_1=30$，孔的直径 $D_1=\phi25H7$；大齿轮齿数 $z_2=52$，齿宽 $B_2=25$，孔的直径 $D_2=\phi30H7$。两齿轮的齿面粗糙度 $Ra=1.6\mu m$，孔的粗糙度 $Ra=3.2\mu m$，其余各加工表面粗糙度 $Ra=6.3\mu m$。

1）试画出两齿轮的零件图，标注齿轮的尺寸和粗糙度。

2）试画出两齿轮的啮合装配图。

1. 用 Auto CAD 绘图，使用标注尺寸、图块等命令完成轴的零件图，并用三维拉伸、倒角、圆角等特征工具，创建该轴的三维模型。

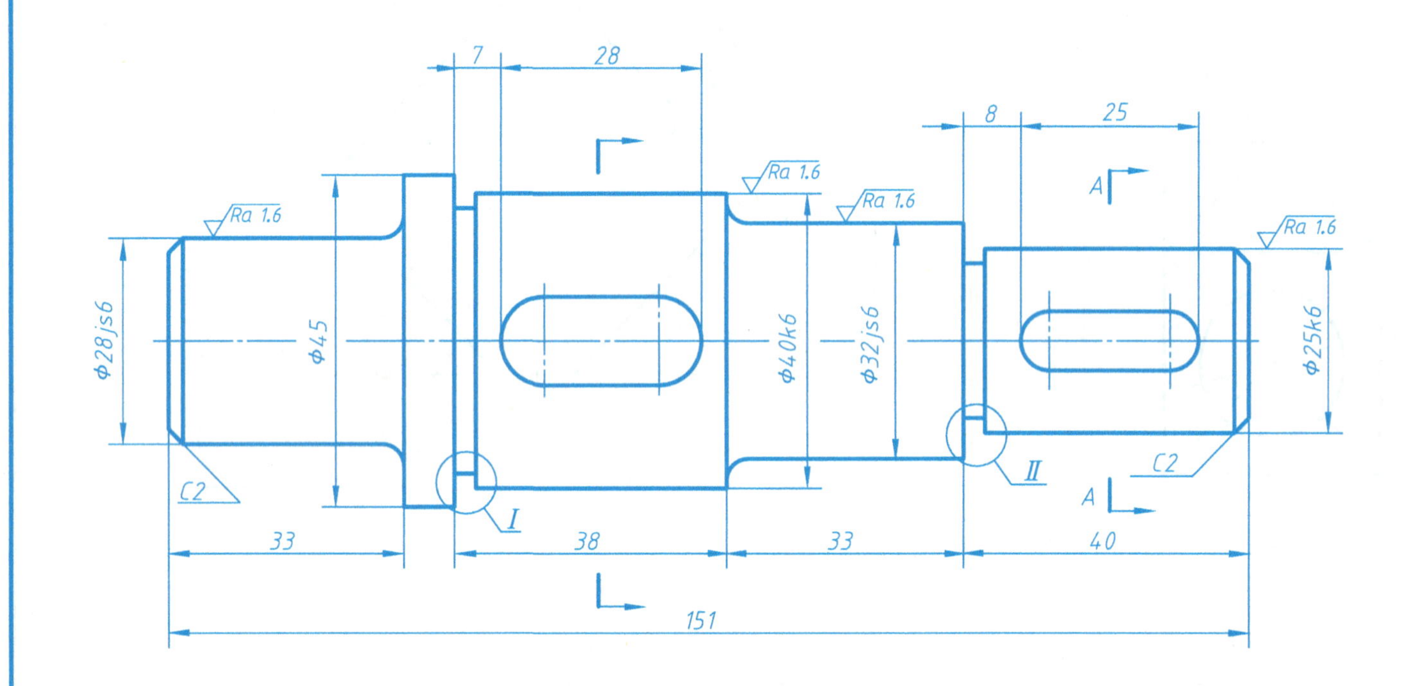

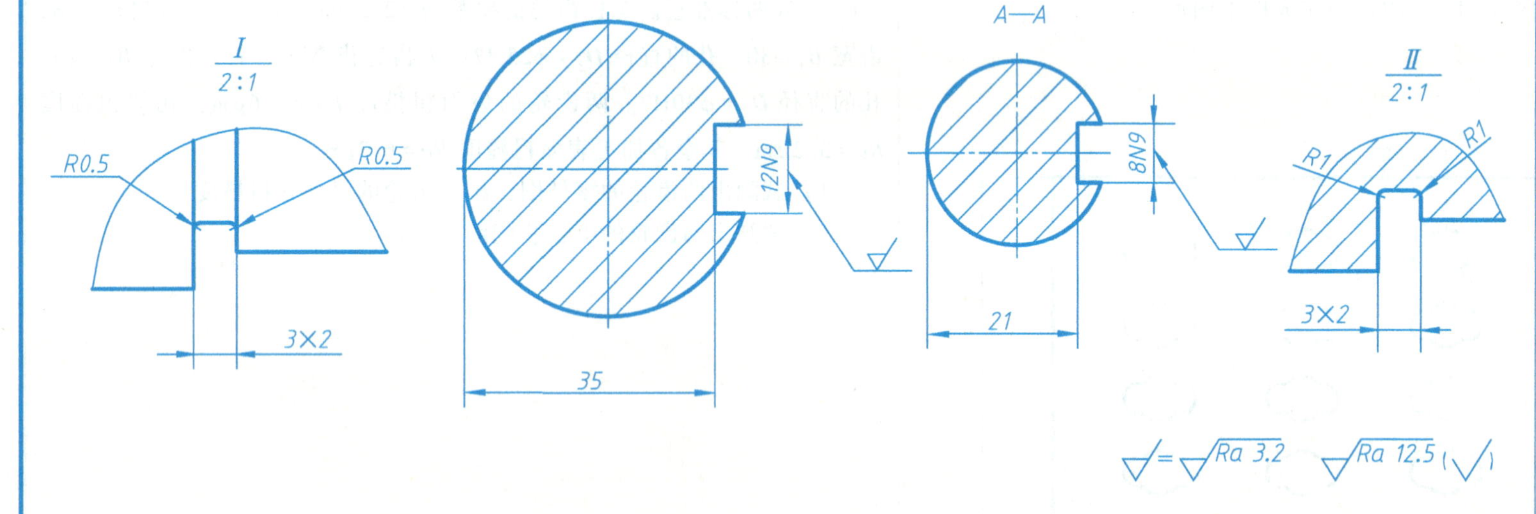

2. 根据已知视图创建三维模型，并观察各视图方向相贯线的投影，尺寸数值按 1 : 1 的比例直接从图中量取，并取整。

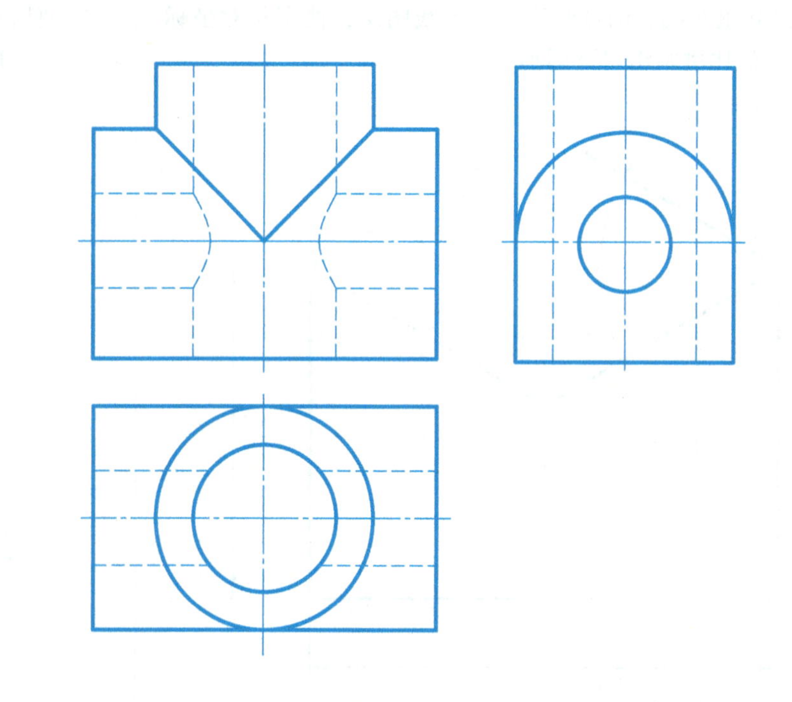

3. 根据已知视图创建三维模型，并生成三视图，尺寸数值按 1 : 1 的比例直接从图中量取，并取整。

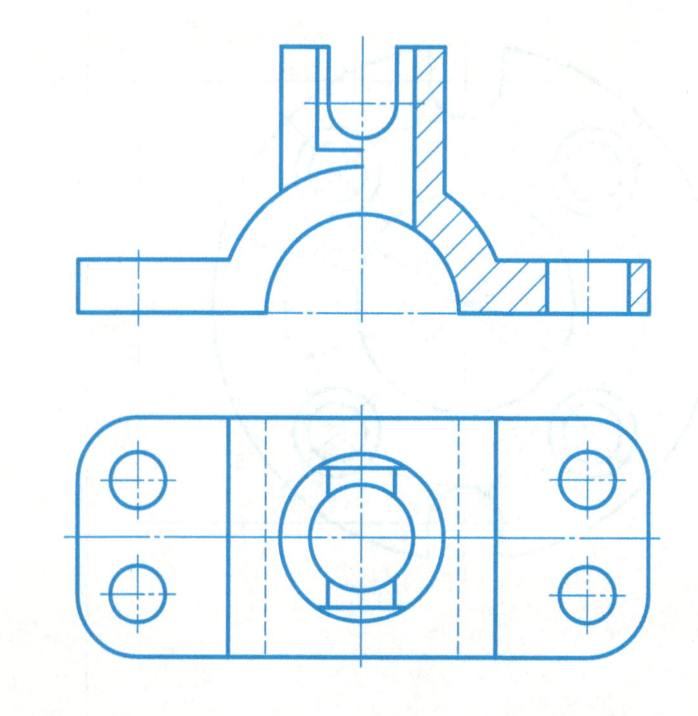

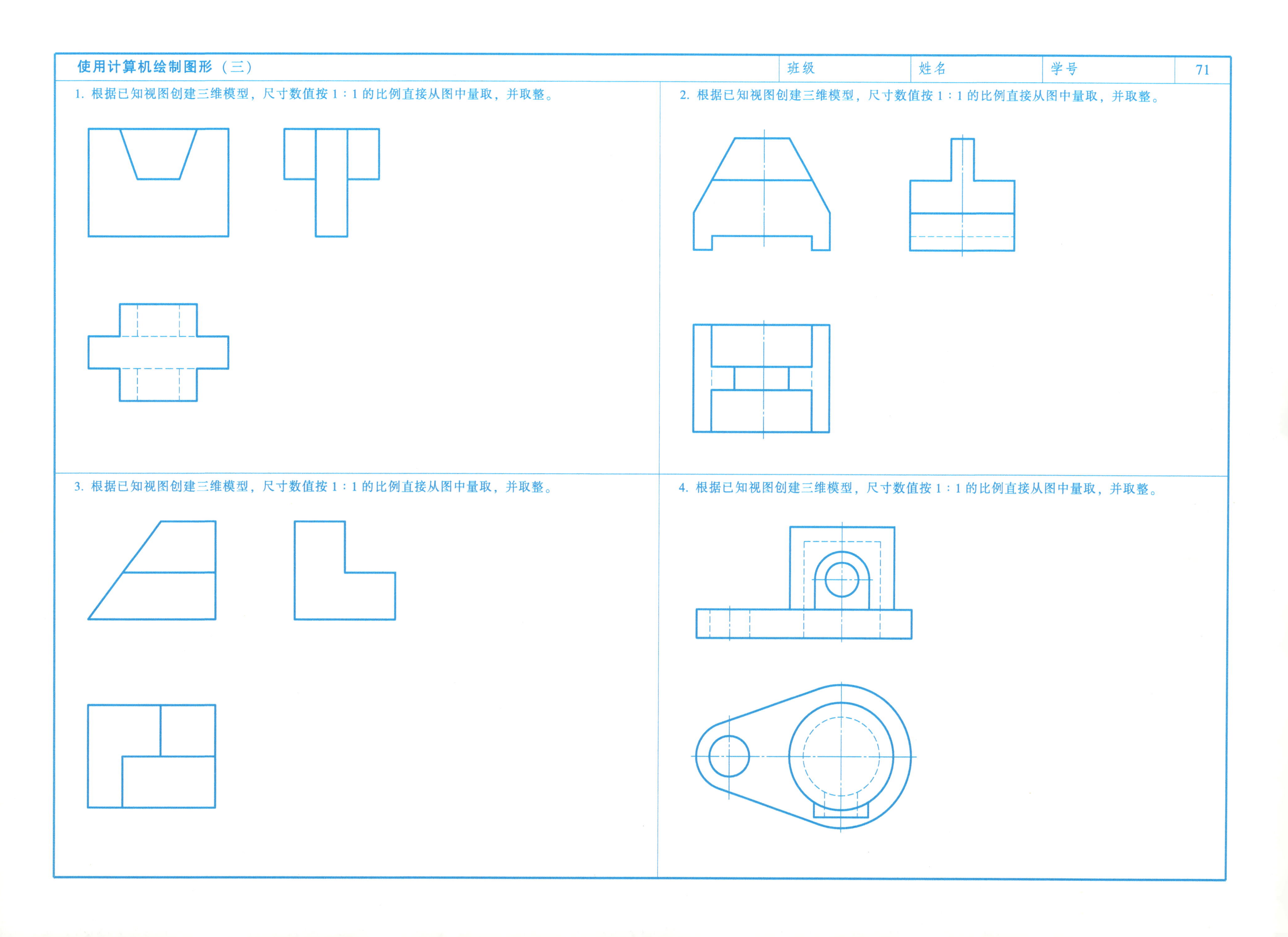
使用计算机绘制图形（三）
班级
姓名
学号
71
1. 根据已知视图创建三维模型，尺寸数值按 1 : 1 的比例直接从图中量取，并取整。
2. 根据已知视图创建三维模型，尺寸数值按 1 : 1 的比例直接从图中量取，并取整。
3. 根据已知视图创建三维模型，尺寸数值按 1 : 1 的比例直接从图中量取，并取整。
4. 根据已知视图创建三维模型，尺寸数值按 1 : 1 的比例直接从图中量取，并取整。

参考文献

[1] 卢广顺，等. 机械制图习题集 [M]. 北京：机械工业出版社，2017.

[2] 林益平，等. 工程图学习题集 [M]. 2版. 北京：电子工业出版社，2017.

[3] 姚辉学，顾寄南. 工程图学习题集 [M]. 北京：电子工业出版社，2010.

[4] 汪勇，张玲玲. 机械制图 [M]. 3版. 成都：西南交通大学出版社，2013.

[5] 田凌，冯涓. 机械制图 [M]. 2版. 北京：清华大学出版社，2013.